光尘
LUXOPUS

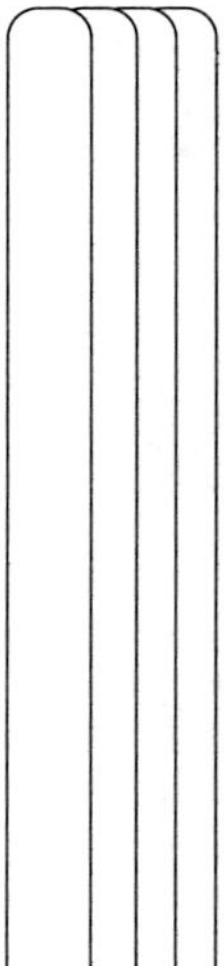

TOC OU PAS TOC?

Franck Lamagnère

走出强迫症

[法] 弗兰克·拉马涅尔 著　解婷 译

生活·讀書·新知 三联书店 生活書店出版有限公司

图书在版编目（CIP）数据

走出强迫症 /（法）弗兰克·拉马涅尔著；解婷译. —
北京：生活书店出版有限公司，2022.2（2022.7 重印）
ISBN 978-7-80768-367-4

Ⅰ. ①走… Ⅱ. ①弗… ②解… Ⅲ. ①情绪－自我控制－通俗读物 Ⅳ. ① B842.6-49

中国版本图书馆 CIP 数据核字（2022）第 007930 号

策划编辑 李　娟
责任编辑 程丽仙
特约编辑 邓佩佩　袁晓芳
出版统筹 慕云五　马海宽
封面设计 潘振宇
版式设计 申亚文化
封面插画 罗可一
责任印制 孙　明
出版发行 **生活書店**出版有限公司
（北京市东城区美术馆东街22号）
图　　字 01-2022-0658
邮　　编 100010
印　　刷 北京中科印刷有限公司
版　　次 2022年2月北京第2版
2022年7月北京第2次印刷
开　　本 787毫米×1092毫米 1/32 印张10.125
字　　数 195千字
印　　数 20, 001-30, 000册
定　　价 58. 00元
（印装查询：010-69590320；邮购查询：15718872634）

前 言

弗兰克·拉马涅尔（Franck Lamagnère）医生是强迫障碍领域的知名专家。30多年以来，他跟踪并帮助了很多患上这一疾病的病人，这其中不乏非常严重的病例。拉马涅尔医生是治疗这一精神障碍的领域中的优秀行家之一，有着非常宝贵的经验。他想通过这本书将自己的经验分享出来为大众所用，也为从业者所用。这于我们，是件幸事。

以丰富的医学著作和同样丰富的个人经验为依据，他介绍了强迫障碍（俗称强迫症）的方方面面。从最典型的到最罕见、最惊人的。通常，强迫思维涉及感染、宗教或道德主题，涉及秩序、对称、危险和对于事故或灾难的恐惧。在每一个范畴里，我们又能发现一些变化，就如同作者阐述的众多临床案例所体现出来的那样。部分类型的强迫症则没有那么典型，例如与上述主题无关的，某种身体的感受或是思想上的侵入。有人将强迫性的囤积行为与无法舍弃东西进行对照，有人称之为第欧根尼综合征。所有的物品，哪怕是最微不足道的，如东西的包装、一本旧杂志、一张用过的地铁票都总是被保留着，因为“这总会有用的”。拉马涅尔医生以一种极强的再现能力描写了他的病人们，以活灵活现的方式阐明了强迫症在各种方面、各种机制和各种不良后果下的病理。这些临床案例亦是本书的独到之处。

拉马涅尔医生也特意说明了要将某些障碍或某些行为与强迫症区别开来。为使一些病人不要将自己的障碍看作强迫症，他用详尽的方式阐述了各种不同的诊断。这部分病人的诊断还是该基于专业的临床测评。

由“迷人的精神分析模式”开始，也许可以说迷人，但更该说过时且并无太大效用，强迫症引起了大量关于病原学和病理生理学方面的猜想，这些猜想在本书中亦有提及。行为认知模式则不同，该模式已运用到治疗中，且疗效备受认可。由于生物或是基因的构成是很明确的，通过医学影像，我们可以对造成这一障碍的大脑机制产生更好的认识。剩下的就是要明确知道，目前仍然成谜的病因。

如果说近几十年来，我们在强迫症方面取得了一些进步，那首先当属治疗领域。含有血清素的抗抑郁药品是药物疗法中的首选，成功率高，但远未达到最佳状态。辅以药物、安定神经和缓解焦虑的药物疗法并未带来显著进步。非药物生物疗法，尤其是其对大脑的深部刺激，仍有待观察，且只适用于对其他治疗已经产生抵抗的重症病人。

《走出强迫症》一书在描述认知行为疗法方面做出了重要贡献，拉马涅尔医生是这一方面的专家，在这一疗法中，他发展出了优秀的行为疗法。他在阐述中已经给出了读者可能会需要的答案，而且那些方法已被多次证明有效。特别是他通过描述双重束缚疗法（该疗法适用于难以回应经典情境疗法的病人）的实践，完善了非药物疗法的部分。同时还完善了一种精神强迫行为的治疗方法，即让患者处于大声快速朗读之中。最后，在讲述一个与强迫症类似却又与众不同的障碍——拔毛癖的过程中，他介绍了相反习惯方法。

拉马涅尔医生的书没有走晦涩的理论化道路，更没有令人厌恶地卖弄渊博学识。他的目的在于为强迫症患者及其亲人、治疗师，以一种人性化又不失科学严谨性的方法来提供信息。他的作品既完整、生动、实用，又饱含治疗常识。而这些，便是他丰富经验成果的丰碑。

贝尔纳 · 格朗热

勒内 · 笛卡尔 - 巴黎第五大学精神病学教授

巴黎塔尼耶医院主任

引 言

强迫障碍涉及很大一部分人（约50人中就有1名强迫障碍患者）。因此，要么是你患上了这一疾病，要么是你认识的人备受其折磨。

这一障碍往往是隐藏的、潜在的，被患者错误地看作有罪又令人羞耻的秘密。如果说这一认知源自障碍本身，那么不了解，乃至忽视也在很大程度上助长了这一认知。所幸的是，情况正在发生改变。朱迪茜·瑞坡坡特（Judith Rappaport）的著作《不能停止洗手的男孩》(*The Boy Who Couldn't Stop Washing*)被译成法文，再加上我于1994年出版的第一本关于强迫症的书《怪癖、恐惧与执念》(*Manies, peurs et idées fixes*)，以及后来陆续出版的其他书，都对这一疾病起到了重要宣传作用，并使更多人认识了它。从此之后，很多文章、广播或电视节目也常常谈到强迫症。在这一方面，记者做了大量有用的工作：很多现已治愈的病人是在某期节目里发现自己生病的；他们也借此得知了这类疾病需要治疗，且得到了疗效甚好的救治。

这本关于强迫症的新书，揭示了该疾病不为人知的状态，阐述有效的治疗方法，帮助病人走出孤立无援的境地。病人会发现，他们所经历的纠缠不休且不自主的精神现象（念头、精神画面、冲动、恐惧、反复忧虑），他们被囚禁其中的那个强迫的世界（重复某些动作、触摸、通过好的念头打消坏的、检查、知晓、说话、忏悔、回忆、反复阅读、重写字母、清洗、消毒、数数、整理、排列、扔东西、存东西……）有一个名字：强迫障碍，这是一种可以被治愈的障碍，他们并不是唯一的患者。

患上此病的人，错误地担心那些缠绕他们的念头、画面或令人不快的恐惧揭示了某些与他们相关的事，如无意识状态或是他们的真实本性。然而事实上，他们会有这些念头、画面、恐惧仅仅是因为他们的大脑出现了可逆性的机能障碍，这与“强迫症软件”有关，而这往往是他们从基因上遗传来的。

精神病专家斯坦利·拉赫曼（Stanley Rachman）曾清楚地解释过，并不是病人脑海里不自主出现的侵入念头带来了如此多的问题，而是错误的解读、诠释造成了这一后果："我疯了""我是坏人""我是个危险的人"——在英文中简称为"疯坏险"（MBD），即疯了、坏蛋或危险。有一位女病人就被这样一种感觉萦绕着，她觉得她会砍自己深爱的配偶一刀，她认为自己疯了，自己是坏人或危险的人；另一位女病人则被亵渎宗教的画面、与性相关的画面或对上帝不自主的侮辱所纠缠：她看到自己很坏，身体里住着魔鬼，她需要忏悔；还有一位女病人感觉自己必须要做出些举动来避免噩运：她也认为自己疯了。

这并没有什么关系，他们出现的这些念想、画面、冲动、侮辱和必须要做的事绝不意味着这和经历这些的人的"真实本性"相关，患者只是单纯患上了强迫症。得知这一点，是一种很大的宽慰。得知自己并不该对这些不自主的精神现象负责，是一种解脱。病人就该像看待信号不良的电视屏幕上出现的干扰那般去看待这些精神现象。他不会再认为出现干扰是自己的责任。事实上，这些侵入念头也不是他的责任。

为数众多的精神病科医生和心理医生很长时间以来都错误地将他们的工作重心放到了对这些侵入念头的“解读”上。针对这些强迫症的精神现象，能够在“无意识”中寻得些许原因的思路将病人引向错误的方向。因为这或多或少会让人理解为这些不自主现象的内容与个人的“真实本性”相关，所以需要“解读”。最近的研究表明，这一态度不仅不合适，有时甚至是有害的。相反，对于病人来说，得知所有他们并不想要的、不自主的念头不过是一种机能障碍的结果，这是何等的解脱。诚然，这些念头来自他们的大脑，但它们并不是病人自己的念头——有人说这些念头是异我的[1]，即与本人的思维系统相悖。为了阐明在强迫症治疗中，去解读、分析、寻找侵入念头的意义这一态度多么有害，以至于

1　与本人的思维系统相悖的念头，且系统是无论如何都不会认同它的。这是诊断是否为强迫症的一种标准。例如，某个并无谋杀意图或愿望的人，脑海中反复出现令其不快的侵入画面，这便是“异我的”。但要注意，若是感觉自己有此愿望，但这一愿望里却掺杂着迟疑，这一感觉本身就是异我的（参见“异己念头”）。

有可能将病人置于完全的慌乱中，我在这里要讲述我一位患者的案例。

那是一位宪兵，军衔较高，在他做完腰椎间盘突出的外科手术后不久，头脑中开始被他正在掐住自己孩子的画面所缠绕，“勒死人者”这个词占据了他的思维。尽管军人通常倾向于不重视这些精神现象，而更偏向于试图“自己走出来”，但他在忍受了几周或者几个月的“强迫”[1]苦难之后，还是决定去看心理医生。

这位医生没有说话，示意他坐下。宪兵开始讲述自己遇到了什么，并且他不理解这些现象——这是正常的，因为本来就没有什么需要理解的。心理医生中立的、令人困惑的倾听促使我们这位宪兵去领会自己的无意识状态，进而对自己身上发生的事进行了猜想。“如果我有这样的想法，应该是因为我不爱我的孩子们。”他继续着，而我们这位心理医生也继续保持缄默。很不幸，医生的中立使他丢掉了他经典的仁慈个性。可怜的病人认为他自己“完全猜对了”（沉默即同意），便立刻

1 与强迫症相关的（新词）。

消沉下去：哭泣、对事物失去兴趣、睡眠出现障碍，甚至有了自杀的念头。

幸运的是，他咨询了别的医生，通过恰当的治疗，他的抑郁症和强迫症均得到了治愈。

* *

我想要为处于慌乱中的病人和他们的亲人写这本新书。

我希望纠正对于强迫症的错误看法，这也是我刚刚开始去做的事，将患者以及他们周围亲近的人——尤其是有时会被指为这些障碍的责任人的父母，从负罪感中解救出来。我也渴望将我治疗强迫症患者近30年的经验分享出来。我不敢不切实际地奢望能够详尽无遗，但我想要描写很多的强迫症案例以便读者——你——能够认识到你的亲人、朋友正在受此折磨，或者你能够意识到你一直忍受的某种现象是一种强迫症。

很多病人跟我说："可是人们从不谈论我的强迫症！"我会竭尽全力去扭转这种不公正。最后我想要给患者以及他们的亲人、朋友，甚至给某些治疗师一些建议。这些建议是关于针对这一障碍，目前存在的疗法、应该采取的做法和认知行为疗法[1]。如果接下来的内容能够让哪怕只是几个病人认识这一疾病、学着自我治疗，从而能自由地生活，我便心满意足。

我希望你能够以多种方式来喜爱这本书：可以是传统方式，从第一页阅读到最后一页，也可以随意阅读。为此，目录是一个带有关键词的索引，你可以通过它定位到你最感兴趣的某个特殊主题。可是，无论你采取什么样的阅读方式，请一定要以一种轻松的、不须尽善尽美的、不强迫的方式来进行。千万不要落入“需要全部读到”的强迫症里！

1 同时使用行为疗法和认知疗法的组合疗法。

目 录

第一部分　描述强迫症的小百科全书

第一章　概论 3

第二章　宗教、道德、迷信主题 7

宗教强迫症 8

迷信强迫症 14

攻击性强迫思维或冲动恐惧症 18

道德层面的“渴望知道”强迫症 21

第三章　污染与纯洁主题 27

感染强迫症 28

毒物强迫症 42

放射性强迫症 51

“中性产品”污染强迫症 53

第四章　精确、秩序、对称及完美主题 55
秩序强迫症 56
害怕损坏 58
完美强迫症 60
“渴望知道”和“需要记得”强迫症 65
关系到精确或完美的阅读强迫症 70

第五章　对于潜在危险和灾难的保护主题 73

第六章　其他主题：无法归类的强迫症 81
不断重现又令人不快的画面、声音或侵入词，
但未伴随强迫行为 82
不自主的且令自己不快的身体感受或者说身体的强迫思维 83
囤积，堆积、收集、无法丢弃强迫症 83
需要数数或需要将字母或音节联系起来 88

病态型迟缓 89
强迫型迟到 90

第二部分　更好地理解和认识疾病

第七章　强迫症之源 95
因果性之概论 96
迷人的精神分析模式 98
无可争论的基因领域 100
动物行为学的贡献 100
认知－行为模式 102
功能神经影像学的贡献 104
非常有趣的神经行为学模式 106

第八章 究竟是不是强迫症：如何辨别 109
强迫思维与担心 110
强迫思维与执念 111
癖好、习惯和强迫仪式 112
强迫症与强迫型人格 112
抽搐与强迫症 114
强迫性观念与谵妄性观念 115
强迫观念与抑郁念头 116
拔毛癖 117
对于躯体变形的恐惧或称身体畸形恐惧症 118
性偏离 121
偷窃癖 121
病态赌博 122
强迫性购物 123
咬甲癖 123

强迫性搔抓 124

强迫症还是恐惧症 124

第九章 关于强迫症的侵入感受或感觉 137

强迫思维范畴的扩大化 138

“搞砸了”的感觉 140

感觉“还不到做这事的时候” 142

感觉“失去自动性”或“意识不自主且令人不快” 144

感觉一切都是必须的 149

“感知变了”或“感知不对称”的感觉 150

侵入的性感受 151

感觉身处梦境、身处虚拟世界或世界变了 153

第十章 关于强迫性怀疑 157

第三部分　打败强迫症

第十一章　强迫症的认知行为疗法：正与误 167
行为疗法 168
认知疗法 190
质疑并改善你的认知图式 204
懂得识别真正的认知行为疗法 207

第十二章　强迫症的药物治疗 211
对于药物的恐惧源自何处 213
惧怕副作用及反安慰剂效应 217
单一强迫症的药物治疗 220
共病型强迫症的药物治疗（伴随有另一种病症） 231

第十三章　抗强迫药物与认知行为疗法间的关系 233

第十四章　通过相反习惯方法来治疗拔毛癖 241

第十五章　顽固型强迫症 261

第十六章　关于强迫症，你向自己提出的问题 265

关于强迫症的一般问题 266

关于抗强迫药物的一些问题 272

关于面对强迫症患者时，最适宜的行为方式的一些疑问 275

第十七章　关于强迫症的几个奇异故事 279

结论 293

致谢 296

第一部分

描述强迫症的小百科全书

第一章

概论

Généralités

若想列出和描述所有的强迫症，难免显得狂妄自大，然而我们还是可以尝试努力去靠近这一目标。强迫症总是既相似又不同。总是相似，是因为强迫症总是被定义为一些强迫思维[1]和／或强迫行为[2]；总是不同，是因为每一个病患都表现出个体特有的细微差异，就如同同一画家的画也不尽相同。那么，努力去接近目标的关键在于充分了解所有定义，它们决定了诊断、对现象的理解和认知行为疗法的采用。在这些定义中，每一个词语都具有意义。

•强迫思维是指一些想法、脑海中的一些画面，以及非自主且令人困扰的一些冲动，这些冲动会导致不适的情绪状态，

1 念头、脑海中的画面、冲动（感觉自己可能会做出某件自己并不想做的事），是不自主（具有侵入性）且总是令人不快的（自己并不想要这样）。

2 精神或行动上的行为（自主的），但具有强迫特性，自己感到必须要这样做来舒缓不适感（往往与强迫思维有关）或来避免某个所畏惧的灾难。

这种不适被美国人称为不安（discomfort），能够偶尔促使强迫行为发生。

•强迫行为是一些精神上或行动上的自主行为，但有一个不可或缺的特点，即做出这些行为是为了自我感觉更好一些，为了缓解不适或者是为了避免一个灾难。

说回强迫思维，强迫思维应是非自愿且令自己不快的。例如，当一位画作收藏家每天都花五个小时来思考他希望在下一次拍卖会上收入囊中的作品，这就不属于强迫症范畴的强迫思维。他是带着喜悦去预计，他本人与这一念想是一致的。同样地，对于一个恋童癖患者来说，他整天都幻想着那个他要在放学时去强奸的小男孩，即使会被公众说为“性偏执狂”，但这也不是强迫症意义下的强迫思维。相反，若某人并非恋童癖患者，但却不停地被非自主的恋童画面萦绕，或有某类可怕的想法，如认为自己会在非情愿的情况下，出于某种冲动，做出恋童的行为，那么此人正在忍受强迫思维的折磨。

强迫症的强迫思维可以有着不同的表现：例如想象眼球被切片、眼睛里有尖锐物体等暴力或恐怖画面；我是肮脏的，我可能犯错误了一类的常见念头；我会做出受人谴责的行为之类的侵入感觉；侵入愿望[1]，比如希望最爱的人死亡或患上癌症的感觉；有时甚至有侵入感受——有这样一位病人，他是恋童癖

1 不自主的愿望，一切看起来都像是病患希望可怕的事发生到某人身上，实则并非如此。这是异己念头的一种形式。

强迫症患者，当他面对一个小孩时，他会感到一种非自主且令自己不快的阴茎痛痒性感受，“就如同他受到了刺激”。

而强迫行为，总是一些以必要为特征的、有意识的行为，涉及行为上的强迫。例如，洗涤、检查、重复做过的动作、把东西排成一线、整理、丢弃、囤积、触摸；或者当我们自主地想到某物时精神上的强迫行为，例如，用一个积极画面去替代一个侵入的消极画面，用好念头去打消坏念头，想着某些词语或在脑袋里计数。

出于教学目的，我决定将强迫症按照不同主题内容分为五大类：

- 宗教、道德、迷信主题；
- 污染与纯洁主题；
- 精确、秩序、对称及完美主题；
- 对于潜在危险和灾难的保护主题；
- 其他主题：无法归类的强迫症。

很明确的是，这些分类并非相互没有交叉：我们会在宗教强迫症的范围内遇到洗涤强迫仪式；我们会出于迷信去整理或把物品排成一线；我们会出于宗教原因检查灯光是否关闭……从另一角度看，某些病人患上的是一种单一主题的“重”强迫症，而某些病人患上的则是主题不一的多种强迫症。

第二章

宗教、道德、迷信主题

Les thèmes religieux, moraux, superstitieux

宗教强迫症

所有宗教均有教规、戒律、禁令，它们往往通过一些或好或坏的说辞给人以概念。恐惧违反规矩，或疑虑自己违反了规矩，都可能构成强迫症的中心点。宗教指令在此刻并未得到满怀诚意又具有弹性的遵守，而仅仅被按照字面意思来解读。

就这样，一位吓坏的、不幸的、崩溃的女病人来找到我。她是犹太人，在她的宗教里，上厕所的时候不可以想到神。然而，每次当她去洗手间时，关于神的念头就会浮现。很明确，这就是强迫思维（非自主的、让自己不舒服的念头）。她想要不惜一切代价去驱散这个念头，因为这让她觉得自己有罪。她没有做出任何行动或精神上的强迫行为（例如，她没有通过一个好的念头来打消这个念头，也没有默默在脑袋里祈祷）。我向她解释说，人不该为不自主的念头负责，她并非是有意想到神的。这些念头是病情导致的："它们并非你自己的想法。"她于是放下心来，开始理解慈悲的神灵是不会去惩罚一个病人的；神无所不知，因此，也会知道这些念头应归咎于病，而非人。如果认为神会因为一件我们无能为力且并不希望发生的事而惩罚我们的话，反而是对神灵的一种亵渎。如有需要，这位女病人不该为这些不自主的精神状况负责的证据是：她特意为了消除这些念头来问诊。这一症状得到了治愈，但多年后，当她处于妊娠期时，又出现了另一种形式的强迫症（污染主题）。

我曾有机会在非斯与摩洛哥的精神病科医生开过一次关于强迫症的研讨会。在就宗教强迫症进行交流时，我获知在伊斯兰宗教里，如果一位信徒在祈祷过程中产生了"不合适的"想法，那么他可以借用一个托词，即他有权不在意这一亵渎宗教的想法。某些参加了此次研讨会的精神病专家指出，强迫症患者不会借助这一托词，而是从头开始祷告。

关于这一问题，应当区分清楚人们在宗教实践过程中希望进行的祷告和有权不做的祷告，如一些强迫性的、出于"为了感觉好一些"、为了减轻某种苦恼且具有必须性的祷告。

犹太教里的戒律名目繁多（不准食用猪肉、甲壳类动物，不能将牛奶和肉混在一起。于是乎，有的人家里有两套餐具、两个洗碗池，甚至两个厨房）。不幸的是，这些戒律均被从字面上解读，便更加升级了那些强迫倾向病人脑中的“强迫症软件”。

我有这样一位女患者，每当她做某道菜时，就会受困于这样的侵入念头（强迫思维）：“你有可能把奶和肉混到一起了。”这令人不安的疑虑和对于“犯错”的恐惧已经逼得她扔掉了上百个平底锅。另一位女患者向我讲述，在月经期间，她必须要到米克维（犹太教宗教仪式用的浴池）洗宗教浴。这一净化身心的沐浴要持续几个小时，而其他那些等待着洗浴的女士就非常不悦。未被合格净化的疑虑萦绕着她，于是她将沐浴时间一再延长。而经期过后，宗教要求在过正常夫妻生活时，要确保不再见血。但哪怕她仔细检查内裤长达一个小时，她也还是不敢肯定月经已经完全结束了。

对于地狱的恐惧

尼古拉的案例是颇具启发性的，因为它在涉及宗教和道德强迫症的同时，又可被归入反复确认没有潜在危险或灾难一型的强迫症。

尼古拉第一次来见我时，有30来岁，是一名规矩的天主教徒，并娶了一名妇科医生为妻，育有三个孩子，他本人从事信息技术方面的工作，只在强迫症令其实在无法承受时才前来咨询。两周前，在他的工作过程中突然出现了一个情况，是这一情况最终促使他来问诊。在他开车前往距离住所约50公里处的培训会时，突然感觉到自己的车子在拐弯处发生了侧滑。他没有折返以查看究竟，因为时间不允许。但是他在整个路途中以及随后的上午培训中，一直想着这件事直至茶歇：有可能道路上有油；有可能一位摩托车手或者自行车手在路过时侧滑并摔倒；有可能正在此时，一辆汽车开了过来，还可能撞了上去，这个骑摩托或者自行车的人可能会死亡。

在尼古拉看来，充分意识到危险的存在却毫无作为的话，他就是有责任的。作为天主教徒，他信奉教规“决不可杀生”，否则他会下地狱的。他看不出蓄意杀人和不采取预防措施以规避可能的死亡有什么差别。

至此，我们可以勾勒出几幅认知图式，我会在本书后面的篇章中提及。一幅认知图式是一种内部规律，是我们“强迫症软件”的构成部分，它或多或少是有意识的，并决定了我们对于信息的处理。它决定了我们如何去看待自己、发生的事件和我们做出某种行为后可能招致的结果。在尼古拉的推理中，我们可以发现至少三幅活跃的“强迫症”认知图式：

1. 夸大责任（在非流氓亦非罪犯的大部分人不会自认为相关的某一情况下，认为自己负有责任）：因为一摊假想出来、可能出现在道路上并且不是自己倒的油，而下地狱。

2. 高估想法的重要性（想法等同于行动）：没有采取预防措施去避免某人的死亡，等同于杀了他。再说，那是其他人也不会去采取的措施。

3. 高估危险性（在并无危险之处看到危险或者夸大突发风险）：所有臆想出来的负面事件发生的可能性是极低的，但病人却看不到这一点。

整个培训期间，尼古拉都无法集中精神。他没有利用茶歇同其他与会者交谈以自我放松，他无法阻止自己屈服于强迫行为：于是他驱车20多公里，开到他认为发生了侧滑的地方，确认路面上没有油之后又赶回去。不幸的是，培训的后半段，他还是迟到了。

这并不是单一事件。在尼古拉身上，随时可以发现需对他人的死亡负责的恐惧。例如，他为他的儿子涂抹面包片时，就会有“强迫的”侵入感觉，觉得自己撞到了装果酱的玻璃罐。这一撞击有可能产生了一块玻璃碎片，而他的儿子有可能吞下这块玻璃。由于他的失误，孩子有可能死去。而他，将会下地狱。

最糟糕的情况出现在他步行时。尼古拉习惯穿鞋底不滑且防滑纹路稍微深一些的皮鞋。他走路时出现的强迫推理如下：“也许你鞋底的槽里卡着一块尖利的玻璃。也许你刚踩过一根电线或一条电缆，也许你就这样给它剥了皮。也许有人会碰到它，而后触电身亡。充分意识到这一危险的存在，你要对他的死负责——你会下地狱的。”于是尼古拉认为自己该做出些强迫行为，即定期返回去确认没有这样一条电缆，以此来平息自己的不安。

一段时间以来，他一直想要买一所房子。出于研究目的，他和他的妻子周末去看置业展会展出的独栋小楼。展览地距离巴黎较远。一回到家，一个侵入的、纠缠的念头便涌上心头且挥之不去：他认为自己记得（强迫思维的疑虑）参观过的房子中，有一套的楼梯的一个台阶是不牢固的。如果他无所作为，另一位参观者就有可能会摔下楼梯。也许会摔得很重，然后死去。而这，也要归咎于他的错误，他会下地狱的。尼古拉必须要回到现场以获得“精神上的安宁”。

他还患有其他主题的强迫症，这使我按照他的要求，给一位他完全信任且思想开放的神父写了一封信。我向他解释说信徒尼古拉患上了强迫症，有自认为该对一切负责的倾向。我向他所代表的教会管理机关申请免去他每日都要履行的义务：良知检查。在我看来，每日迫使自己自问对何事有过错并无必要，且会阻碍治疗的开展。另一项申请涉及尼古拉的另一种强迫症，一种我们可以界定为纯迷信的强迫症。当他有一件重要的事情要做时（买房子、订机票……），他的强迫思维便会引导他注意十字架形状的物件（喷气式飞机留下的十字形状的痕迹、公文包十字形的缝合、十字架、方砖的接缝处等），从这些东西上，他可以看到一种神的征兆，指引他放弃打算要做的事。就是这样，他没有买他喜欢的那栋漂亮房子。那本是桩好买卖。我请求神父用其大智慧来裁定这些征兆的神圣性：上帝难道会为了此等俗事频繁显灵吗？多亏了这位神父（我在此感谢他）让其完全安下心来，尼古拉开始接受认知行为疗法并配合药物治疗。在后来的好几年中，他都没有再出现强迫症症状。

尼古拉的案例很好地阐释了我们曾经称为“忏悔者症”的疾病：病人前来将所有的坏事归咎于自己，处在一种必须获得救赎的强迫症中。教士雅克–约瑟夫·杜盖于1717年在其著作《论迟疑症》（*Traité des scrupules*）中，以及此后教士格里姆在自己副标题为《用于阐明、指导、安慰及治愈多虑症患者的指南》(*Instructions pour éclairer, diriger, consoler et guérir les personnes scrupuleuses*)的论著中早已鉴别出了这一类型强迫症的病态特征，亦谈到了治疗与治愈。借此，让我们记住，对于忏悔和得到认可的绝对需求是一种强迫行为。在我第一本关于强迫症的书中，曾引述过一位患者的例子。他忘了拿我交给他填写的问卷，在返回去取时，他将大楼的电梯门挡住了一分钟。刚一到达我的诊所，他就立刻给他母亲打电话讲述该事件，就为了听到他母亲对他说："这没什么的。"我们还需要记住道德强迫症可能独立地表现为宗教道德，比如我的一位患者总是不停地往后退，以确认他没有犯踩死蚯蚓之罪……

迷信强迫症

我们刚刚从尼古拉的故事中尝到了一点滋味。在我看来，迷信强迫症在国际上的著作中是备受轻视的。我认为一种强迫症越是得到大众传媒的宣传，患者就越能够自我认识并敢于咨询。相反，若某种强迫症从未被提及，该症的患者就不会知道自己生病了，需要治疗。回到半个世纪以前，人们认为强迫症是非常罕见的。因此，由于害怕自己疯了，或被看作疯子，所以除非特例，否则病人是不会接受治疗的。

当今，这一情况对于人们较少谈及的迷信强迫症来说依然存在。人们更多会去谈论清洗癖或检查癖。在参加一些电视或广播节目的录制过程中，我会描述一些不太出名，也较为少见的强迫症。我的目的在于让世人知晓这一疾病，以便让所有人都能得到治疗。就这样，当我开始在媒体中谈到宗教强迫症的存在之后，法国的精神科医生接收到了很多备受这一型疾病折磨的患者。

迷信强迫症在于做出某些举动以避免不幸降临，但不只是采取某种反常的举措，例如反复阅读一封信好几遍以确保没有拼写错误，迷信强迫症更应是："如果我没有重读这封信七遍（不是六遍，也不是八遍），我母亲就会死去。"在询问成年的迷信强迫症患者时，往往不难在他们的童年里找到某些迷信强迫仪式的踪迹——例如，祈祷父母不会去世。

骨肉相残的迷信

我们会在成年人当中看到这一类型的迷信强迫症，这正是奥利维耶的情况。他已婚，育有两个孩子，在银行工作。他来找我看病时，病情已经发展到了使他无法做任何事的地步。当他想在公司的餐厅吃点薯条，侵入念头立刻出现："如果你吃薯条，你哥哥马克将会死去。"当他想穿某件西服、某双袜子，打某条领带，疾病就会命令他不要那样做，否则他就会失去他的哥哥。同样地，他不能去度假，不能喝可口可乐。当他买了一本书，念头立刻涌来："如果你读这本书，你的哥哥将会死去。"甚至在电视上看某档节目或某场足球赛也能够触发这一念头："如果你一直看到最后，你将会失去你的哥哥。"

在治疗期间，奥利维耶买过一辆汽车。然而，翌日他就想将它退了："如果你留着这辆汽车，你的哥哥将会死去。"所幸，他挺了过来，最终没有那样做。

此后，多亏了药物治疗配合认知行为疗法，奥利维耶可以按照他想要的方式来穿衣了，也不会再出于迷信，放弃想去某家商店或某个理发店的想法。他还可以购买他需要的鞋子了，之前可不是这样。他甚至可以做治疗初期在他看来无法想象的事情了：喝可口可乐。

他不再做出强迫行为，侵入念头反而成了例外。我们可以说，奥利维耶得到了治愈。

迷信强迫症患者会出于多种原因做出强迫行为，有时是出于某种难以名状的恐惧，有时又会出于一种很明确的恐惧。最常见的恐惧是亲人死亡或患病。有的时候仅仅是某位固定的亲人，其他亲人未被迷信强迫症涉及，就如同奥利维耶的例子，而其中原因我们尚未知晓。有一部分人会进行宗教仪式，祈求自己不要生病、不要患上癌症、不要变得失明或瘫痪；还有一部分人会有一些更为怪异的恐惧。我曾经跟踪过一个15岁左右的年轻男孩的案例，他总害怕自己会在恐龙时代醒来，于是他进行过上千次宗教强迫仪式以避免这一灾难。另外两位患者会做出一些强迫行为以保持热情，一位是对说唱，另一位是对F1方程式赛车。还有其他一些人，通过一些强迫性的行为希望不要失去恋人、不要是或者不要成为同性恋、不要做出让自己谴责的行为、不要成为神父……

我记得有一位患者，沉湎于一些宗教仪式，因为他很担心某天早上醒来时身高只有一米二了。然而此人是学高等数学的，他毫不怀疑地知道，从科学角度来说这是不可能的。但是，尽管如此，他还是做着他的强迫行为。我还认识好几个人，当有人触碰到他们时，他们必须触碰回去，因为害怕失去自己智慧或智力的一部分。我的另一个病人则会做出精神上的强迫行为。当他意识里出现一个“负面”的人物形象，他就必须要再看到一个“正面”的人物形象。这种情况下，他所惧怕发生的是丢掉自己的个性，变成一个负面的人。还有这样一位演讲者，他不随身带手机，否则他会担心丢掉自己在人际关系中的游刃有余，在社交场合变得局促不安。

另一个让一些迷信强迫症患者惧怕的灾难是，总是想到这样或那样的事情。我记得一位患有“疯牛病”强迫症的病人。起初，他为了不染上这种朊毒体病进行了一些宗教强迫仪式（当时对于这一疾病的恐惧已通过媒体扩大化）。随即，他开始出现精神上的和行为上的强迫行为，唯恐持续在意识中出现“动物骨骼”这几个词。

无论令人恐惧的灾难是什么，为了避免它，病人自己会感觉到被迫做出不同的强迫行为，例如触摸、重做某个动作，如脱衣服为了重新穿上，或多次穿过一道门、书写的同时一边数数或把字母重写一遍、吐痰、清洗、念词、不能走到线上或窨井盖上、使用电脑时要用某种方式点击、要用某种方法关电视、无法开始某项活动或无法中断一项正在进行的活动，还有其他很多。

攻击性强迫思维或冲动恐惧症

在宗教、道德或迷信主题的强迫症当中，攻击性强迫思维对于患上此类强迫症却还不知情的病人来说，是尤为可怕的。除非伴随另外的精神疾病，否则他们所担心的事是永远不会发生的。

在这类强迫症中，病人会感受到他要去做一件他并不想做的事。而往往，程度会更甚（怀疑症），疾病会给病人一种强迫情感，仿佛是他想要这样的。在部分情况下，疾病也可能导致病人害怕做了这件事。这些病人认为自己疯了，往往会非常惧怕谈及这些想法。

他们害怕弄疼自己，害怕切了自己的喉咙，害怕自己从窗户跳出去或跳下了地铁、怕把舌头放进了电插板里。尤其，他们怕弄疼别人 —— 惧怕敲打，使人窒息、勒住，或用刀砍——而有时甚至只是害怕做了这件事（怀疑症）。他们还惧怕处于或者有过同性恋关系，与孩子或动物发生或发生过性关系，试图强奸或强奸过，试图炫耀或炫耀过自己，或者还有不经意说出猥亵或侮辱的话。我记得一位很热情的上了年纪的女病人，她很惊恐，因为当有他人在场时，她的脑海中就会浮现侵入性的辱骂。辱骂的语言是她那个时代的——“臭嫖客”“臭婊子”“那该死的”。她需要通过一个强迫行为来打消这些想法，这个行为是在脑袋里说“不”。于是，我们采取了这样一种治疗，让她在半小时内大声说出这些辱骂的话，而不要用“不”来打消它们……

还是在这一分类里，我遇到过很多次害怕看到性器官的患者。这种害怕往往伴随着一种难以摆脱的恐惧：惧怕对话者意识到这些想法，并把自己看成一个性障碍患者。我的一位病人，受到某种冲动的促使，害怕做变性手术。同样可能涉及的恐惧有，害怕书写有害的或者秘密的东西，害怕通不怀好意的、淫秽的或危险的电话。

害怕通报一次袭击

阿尔贝是一名约75岁的男性，通常都由他的妻子陪伴左右。那是一位强健、热情的女士。阿尔贝无法独自去买东西，因为他怕自己在钞票上写出一些丧失理智的话。当他去购物时，出发前他会在嘴里含上一口水，回来后才吐掉，他这样做是为了确定自己无法开口要笔，也就不能在交到收银台的那张钞票上写下可怕的话了。

2001年9月11日的恐怖袭击来临时，阿尔贝在广播里听到，企图通过谎报袭击来开玩笑的人有可能会被监禁。于是他要求他的妻子把电话锁上，唯恐自己会去通报一次袭击。如他所说，当他一个人坐地铁来的时候，他还害怕“打了孩子”。此外，由于总是退回去确认自己没有做出坏事，他常常会迟到。某日，当他怀疑自己打了一个孩子的念头特别强烈时，他甚至情不自禁地给警察局打电话，想知道有没有一个小孩在某个地铁站被痛打了一顿。警员回答他说，并未收到任何报警。不管他究竟有没有听清楚警察的回答，他还是再次打过去。接到最后这通电话时警察就没那么客气了。由于强迫怀疑持续缠绕着可怜的阿尔贝，他重新打过去时还要伪装出另一个声音。“您刚才打过电话来了。”警员不耐烦地说。“并没有！”阿尔贝回答道，他不知道哪怕拨号时隐藏号码，未知号码还是会在警察那里显示出来。愤怒的警员建议他快去接受治疗。

有的人害怕去做或者做过（受某种冲动驱使，但却不自知）一些结果令人不快的事。有这样一位女秘书，她反复读了一封信50遍，就怕自己写了：“亲爱的大蠢货……请您接受，大蠢货，我大写的鄙视。”有一位技术员，害怕自己有意地进行了错误的连接，然后导致了悲剧的后果；有一位工程师，害怕自己受到某种冲动驱使但却不自知，在计算中引入了一些错误，导致一个价值数十亿的项目以失败告终；一位民航飞行员害怕自己在最不应该的时刻切断了燃气，导致了空难……

所有这些案例都是在我30年来治疗强迫症的过程中遇到的，并且还有很多其他案例。这一分类的强迫症可被定义为对于去做、做了或者渴望做不正确（疯狂、糟糕或危险）的事情的恐惧。

阴道存储

玛丽患上的强迫症较为特殊：恐惧各类小物体（订书钉、曲别针、弹珠……）。每当她感觉某件小物体消失了，她的焦虑会达到最大值。在超市里，她可能会问她的丈夫："刚才我们经过时，这个地方不是有一个烟头吗？"她总是力图确认，因为她不断害怕在无意识的情况下，拿了某件小物品并塞进了自己的阴道里。她可以花上几个小时来数钱包里的硬币，以确认没有少任何一枚。无论到了哪里，她总是持续被这些念头纠缠着。

抗强迫药物治疗配合认知行为疗法，帮助玛丽走出了强迫症。

道德层面的"渴望知道"强迫症

本书后面的部分，我们会看到精确、秩序、对称和完美主题下其他"渴望知道"的强迫症案例。而有些案例，出于它们的道德主题，更应该被归到这里。那是一些同性恋、恋童癖和恋动物癖的强迫症。

患有同性恋强迫症的病人会被一个问题纠缠：“我不是同性恋吗？”这里往往不涉及反对同性恋的态度，因为病人是针对自己来畏惧同性恋，并不针对他人。此处会发生的强迫行为是，必须要给这个问题一个否定回答，一切均为了这一目的。有这样一位男患者，他在地铁上盯住某位男性，为了验证自己不会勃起。还有另一位，他和朋友一起浏览情色网站，发现自己上到了一个同性恋网站，并对于男性性爱感到恶心。他记下网址，并感受到必须要再次登录以检查男性性爱是否仍然让他恶心。而这一点，随着习惯，变得越来越困难。于是，他可以停留在这个网站五个小时，力图去找回恶心的感觉。某一天，疾病发作，而他所有能让自己安心的尝试都无果。愤怒和焦虑是如此强烈，以至于他将手提电脑砸到了墙上。此外，在这位病人身上还伴随有迷信强迫症：如果做出某动作时，他想到“同性恋”，那么他就必须重做这一动作而不想到这一念头。

患上恋童癖强迫症的病人，经历更加痛苦。有部分病人向我坦言，若是没有遇见我，他们可能已经自杀了。“你可能有恋童癖”这一念头纠缠着他们。很多时候，他们都不知道这是一种强迫症，认为自己是怪物。有部分病人甚至想让人把自己拘禁起来，因为这类强迫症往往会伴有一些攻击性的强迫观念。有这样一位女患者，就为此放弃了一套物美价廉、非常适合她的公寓。因为公寓位于一所学校旁，她怕自己会在放学时去骚扰那些孩子。另一位男患者则抑郁了：他独居且不能有性生活，跟一位年轻女性在一起反而会让他更孤独，因为每当他开始性行为，那些孩童、恋童癖的画面就立刻缠绕过来，令他感觉到必须终止房事。在治疗期间，他被要求必须舒服地待在家里，看一部色情电影，进行手淫，哪怕浮现“侵入的令人不快的画面”也不能停止。多亏了这一实践，渐渐地，那些侵入画面变少，最后全部消失了。

恋动物癖强迫症的特点是害怕自己渴望动物，或者出现一种对动物有欲望的强迫感觉。相比其他类型的强迫症，这类强迫症要少得多，但情绪上的折磨和怨恨可能会非常强烈。我的一位病人因为严重的抑郁状态而住院治疗了，那其实是源自一种因对狗有欲望而恐惧的强迫症。

在这些同性恋、恋童癖、恋动物癖强迫症中，强迫怀疑和需要确认自己没有这些怪癖构成了问题的中心。某些疗法让人理解到，这里面“有些东西可挖掘”，“关于这一主题，应在无意识中搜寻”，均是走错了方向。事实上，同性恋是跟同一性别的人睡觉的人；恋童癖是与孩童发生性关系的人；恋动物癖是与动物发生性行为的人。真有这些癖好的人是没有疑虑的，而有疑虑的人并非真有此癖。人会有这一类型的侵入念头是因为他患上了强迫症，而非其他。此外，有这些强迫症的病人往往（但并非总是）患过或正患着其他强迫症。

为何针对这一类型的强迫症，内省疗法[1]不是个好选择？因为它给病人留了一段空白时间，这段时间可以放任病人的强迫行为，即给那些纠缠的问题带来答案。然而我们知道，在强迫症中，强迫行为会加重病情，是有待打倒的敌人。治疗的目的更应该是停留在怀疑层面，不要去寻求“是或不是”的确信。

再者，若无偷盗行为，算小偷吗？若没有杀人，算罪犯吗？若不与同性伴侣发生性关系，算同性恋吗？若不跟孩童睡觉，算恋童癖吗？

这一类型的强迫症中的强迫怀疑有可能发展到：“或许我发生过这样的性关系，但是我忘了……”我们看到，这一侵入念头可磨灭所有常理。难道在发生过这样的关系后，我们会不能够百分之百地确定它发生过？这是不该有所怀疑，也不该不记得的。如若有所怀疑，那就意味着什么也没发生。

就另一近似主题而言，我有过一位女病人。她花了几个小时力图回答这个令人不安的强迫侵入问题：“我父亲没有多次强奸我吗？”她花了几个小时来试图回忆她童年时代的场景以求确认（精神上的检查），而这一举动让问题变得更糟。一方面，她越来越不确定，同时也因为自己这样去想自己的父亲而

1 该疗法旨在让病患对自己的意识状态和精神生活进行系统的观察。

有负罪感；另一方面，她不敢将自己的女儿交给父亲（“谁也说不清……万一是真的呢”）。几场让患者想象自己置身于既现实又可笑的乱伦场景中的治疗帮助她减少了强迫疑问出现的频率，让那些疑问变得转瞬即逝且不那么让人忧虑。

第三章

污染与纯洁主题

Les thèmes de contamination et de pureté

反复洗涤者，有洁癖的人与总是反复检查的人一起构成了最常见也最广为人知的强迫症。事实上，他们这种“政治正确”的主题，为这类病人更容易承认这一障碍做出了贡献。确实，比起肮脏混乱，社会更加认可整洁有序。当众讲述自己被恋童画面困扰，或害怕自己会做出强奸行为，自然要更加困难。

感染强迫症

在感染这一范畴，恐惧可以是非常多种多样的。有可能涉及恐惧自己被感染，但有时也会出现恐惧感染他人。大多数人表现出针对感染的某些焦虑，如惧怕传染病等，但其他一些焦虑则显得奇怪、反常。例如，有一些人，害怕自己被某一概念感染，如吸毒成癖、同性恋、贫穷。有一部分人，恐惧被某个特定的人——某个亲戚、某位办公室的同事——或是一些他们认为负面的或令人反感的人感染。还有其他一些人，恐惧被非传染性疾病感染，如癌症或阿尔茨海默病。在部分情况下，由于患者的一些念头，他会认为自己是污染物。一般情况下，患者自己也十分批判这种感染强迫症，可他却无法阻止自己进行清洗和去污染强迫仪式。

一座被污染的城市

丽塔是一名教师，她和她的丈夫及两个孩子在巴黎生活。她在图尔度过了她的童年，她的父母仍然住在那里。强迫症始于她第一个孩子出生时。我记不清当她初中还是高中时，在宗教学校发生过不愉快的事件，自从孩子出生，这件事便又在她记忆中复活了：从那时起，所涉及的初中或高中就成了感染源，一切来自图尔的东西均是感染物。这导致了她和父母间的很多问题，她非常爱他们，可是避免去看他们。事实上，每次她从图尔回来，所有人都必须立刻去洗澡，所有的物品必须清洗或清洁。必须给汽车、童车消毒等等。真是一项艰巨的任务。当然，她是绝不可能让她父母来家里的，那完全无法设想。

我们采用了使用抗强迫药物的药物疗法，也进行了认知行为疗法，她勇敢地配合治疗。丽塔带来一些被污染物件（一些在她家里但是她从来不碰的东西），例如她想读给她女儿听的她童年时代的书。有一天，我受邀参加一个在图尔的洗礼仪式，我没忘记带回一包糖衣果仁，丽塔也勇敢地碰了它们。随后，她能够使用她父母给她的钞票了。要知道钞票通常是被视作重度污染的。最后，她甚至能跟那些受污染的物件一起在她的床上睡觉了。到了某一阶段，强迫症被瓦解、击溃了。她又能在参加完在奥尔良或布卢瓦举行的家庭聚会后返回巴黎，且不做出任何“去污染”举动了。再然后，她在自己家招待了整个大家庭。她甚至能够让父母在她不在场时待在自己家里了。

目前，丽塔已不再受强迫症的折磨。

我有机会治疗过好几例认为会被某些地方或者某些人感染的污染强迫症。对于某一位患者来说，她姐姐是污染源；对于另一位来说，则是其父亲——弗朗索瓦·勒洛尔（François Lelord），曾在他的书《一位精神科医生的诊疗故事》（*Contes d'un psychiatre ordinaire*）中清楚地描写过一个类似案例。有时候，我们会在发生冲突之后把对方视为“污染源”。这正是我一位女病人的情况：她和她的上级领导有过一次争论；渐渐地，这位领导和她所居住的城市，还有所有跟她有着或近或远关联的事物都成了污染源。然而最经常发生的情况是，病人所惧怕的是他很喜爱的一个人，而其中原因仍未知晓。

显然，相对于细菌或健康有关的强迫症的发病数量，这些惊人的污染强迫症算是较为罕见。在细菌或健康强迫症中，与“污秽”的、被视为脏或受到污染的东西的所有接触，都会引发极大不适，并促使病人用不同的去污剂来清洗或消毒，有时甚至会用强腐蚀性的去污产品。由于过度清洗，皮肤磨损严重，甚至会看到有血渗出。同样还需经常给家里的物件甚至是亲人去污。所有这类强迫症患者都惧怕灰尘、肮脏和细菌，洁癖是人们反复看到的明显特征，以至于对于非专业人士而言，这就是强迫症的典型。

有时候，污染也会指向人体分泌物（小便、大便、精液、鼻腔分泌物、唾液、耳垢、汗液……）。最后，在部分情况下，有的患者会担心非传染疾病变得具有传播性。

会传染的癌症

R先生曾认为癌症是会传染的。他采取过上千种预防措施，进行过上千次强迫仪式为了不“被感染”。例如，他不去餐馆吃饭，因为害怕被传染。由于他的一位合作伙伴死于癌症，他便让人销毁了所有家具并重新粉刷了办公室。起初，对他使用的疗法是逆机能推理法，方法如下：我母亲死于癌症，她曾接受一位肿瘤科医生的治疗，所以说肿瘤科医生什么也不懂，还搞错了；他们说癌症不是传染性疾病，但是既然他们搞错了，那么它就可能是有传染性的。

他当时每个周六上午来内克尔医院找我。经过旨在帮助他批判其错误想法的工作之后，他同意参与到设定情境的行为疗法治疗中。他带来了一些酸奶和果泥，我们将它们在一个盘子里混合起来。病人、护士、前台工作人员和我本人都在这个盘子里品尝这一混合物。R先生参加了这个治疗品尝，即使有部分前台的安的列斯人也参与其中，且未造成任何后果，但仍丝毫没有让他对他们的健康状况放下心来。

很容易理解，在这一类感染强迫症中，目前最常见的，构成了强迫症精神病科医生的“日常盘中餐”的，是艾滋病强迫症。

注射器恐惧症

在我们第一次见面时，娜塔莎穿着打扮很特别。她穿着一件非常干净、平整的女士衬衣，一套剪裁得很好的女士套装，露出了修长的腿，配上黑色细网丝袜显得很好看。出乎意料的是，与这身总体很女性化的打扮形成对照，她的脚上却穿着军人的半筒皮靴。

娜塔莎无法乘坐公共交通工具，包括出租车。她不能走在自己住的那条街上，无法光顾公共场所，无论是咖啡馆、餐馆、火车站、电影院、夜总会……对于她来说，只能开自己的车去上班，且条件是要将车正好停在公司大楼前，而返回时，要正好停在家门前。这当然是不可能实现的，于是每天收到的违章罚款迫使她辞了职——工作仅是为了缴纳停车罚款，这可构不成令人愉快的工作动机。

娜塔莎的症状学[1]让人想起旷野恐惧症的症状，病人试图避免处于这样的情境：感到不适时无法得到救援或无法逃脱。他们中的一些人，几乎无法出家门。然而娜塔莎并非旷野恐惧症，她所惧怕的是艾滋病。可为什么惧怕艾滋病，会想要避开所有这些场所呢？

娜塔莎害怕的是踩到注射器，从而使血清化验呈阳性。如果你没有这种不合理的恐惧，你就会清楚，你所住城市的街道上是不会布满注射器的。你会想，要是偶然有一个吸毒分子丢弃了一个注射器，你是看得到的。你会意识到，就算出于分心，你没注意到它并踩了上去，你被针头扎到的可能性也是微乎其微的。虽然几乎不可能，但就算你还是被扎到了，你不会不知道扎到静脉的可能性几乎为零。可对于娜塔莎，这一系列的不可能也完全不能让她安心。她如生活在地狱一般，总是在避免可能出现的情境。她无法工作、见朋友、娱乐、正常生活。她几乎被禁闭在了自己家里，那是一套她祖母留给她的小小公寓。她的情况不断恶化，直至这个严峻的阶段才最终使她来找我咨询。

起初是在海滩上：无法赤脚行走，害怕被注射器扎到。不幸的是，在我们的海滩上确实会有发现注射器的情况；但这并不妨碍我们中的大部分人赤脚在沙子上奔跑。而娜塔莎则需要更加注意观察沙滩上的哪些位置可以踩上去，其他地方当然也一样。来自脚部和腿部针刺般的侵入感觉随之而来。这些感觉让她无比焦虑，并促使她折返回去：她需要检查确认没有注射器才能放心。她越是检查，就越觉得必

---

1 对能够帮助识别某一疾病的主观病态（症状）和客观病态（征候）的研究。

须检查，而针刺感也越加强烈。例如，在她的思维里，若偶然地经过了那些“高危”地带（同性恋经常光顾的街区、药店附近、夜店、公厕……），就会反复有针刺感受。这很可怕，因为恐惧不断升级，检查无法停止，她开始避免去这些让她焦虑的地方。

有时，她会使用一些计策来试图让自己安心。她觉得自己必须要回到她在前一夜有过“感觉”的地方，以重新检查。她会以一种无害的、天使般的方式询问她遇到的路人：“打扰您一下，请问您昨天有没有看到一个注射器？我是糖尿病患者，我把我的胰岛素注射器落在这个街区了。”在那个时候，她还不清楚强迫症行为疗法的规则。她不知道当她这样做：回避、检查、提问以求放心，实则是在加重她的病情。

清洗衣物，尤其是清洗内衣也带来严重问题。在她住的小公寓里，没有洗衣机。由于患有强迫症，她无法光顾洗衣店，必须拿到距离巴黎50公里的父母家进行清洗，这会耗费掉她的整个周末。因为她要先放入漂白剂让她父母的洗衣机空转一遍。随后，要将衣物逐件洗涤——绝不可以将它们混在一起以至互相污染！她在阅读了我的第一本关于强迫症的书之后，前来找我咨询。那次阅读于她很有益，她对自己做出了正确的判断，并决定接受治疗。她选择了认知行为疗法，即使她仍然非常惧怕这一方法。我让她放心，我提醒她，在进行行为疗法过程中，我们从不勉强病人做他们不想做的事。我强调说如果治疗太让她痛苦，她可以随时中断。我还建议她配合药物治疗一起进行。由于她的恐惧症焦虑和精神药物的负面影响被扩大化，她坚决拒绝一切以精神治疗为目的的药物。即使我让她见了一位同样患有艾滋病强迫症，但服用抗强迫药物后已经大为好转的女建筑师病人，也丝毫没有动摇她的决心。因此我们决定目前先停留在认知行为疗法上。第一次治疗时，还绝对不能拿出注射器，否则她很可能会立刻放弃治疗。于是一件情感负担没那么重的物品是必要的。作为行为疗法派精神科医生，在我的“阿里巴巴洞穴”里，除了除垢剂、利洁时[1]、灭鼠药、房屋灰尘、杀虫剂和其他凝结了我们现代人的恐惧的物件或产品之外，还有着与血清呈阳性相关的几件物件（一管口红、预防艾滋病与肝炎组织的资料、红丝带，还有年轻女性用来束头发的彩色皮筋，或者叫发圈）。正是借助这一发圈，我提议开始治疗。

▶ 您同意我去取来发圈并放到桌子上吗？

尽管露出了恶心的表情，但娜塔莎并没有反对。不过目前还不可能让她触碰。我在她面前把玩发圈。

▶ 您瞧，我碰了它。您认为我们触碰了某些物件就会染上艾滋病吗？在您看来，我是否没有意识到，并做出了一些危险的举动？您同意与我握手吗？

▶ 不！

▶ 可是您来的时候已经与我握过手了。

▶ 是的，但是您那时候还没碰过发圈。

▶ 也许我在治疗另一个人时已经碰过了。

---

1 利洁时是一家专注于健康、卫生和家居护理用品的全球性企业。——编者注

▶ 确实。

▶ 如果现在我摸了这张白纸，您可以也摸它吗？

▶ 我会试试。

▶ 很好，棒极了！把您的手放上去。0到10之间（0：完全不焦虑；10：从未有过的最焦虑状态），您认为您的焦虑等级在多少？

▶ 我不知道……4或5吧。

▶ 很好，您可以拭目以待，焦虑会减弱的。很好！您选择了一条正确的道路。您看，焦虑并非很严重，并非难以承受。

▶ 确实是，但我过后又会想起来。

▶ 或许会，但焦虑程度不会更甚。现在，焦虑等级在承受范围之内。继续这样做，您的恐惧会越来越弱，您会重获自由。可是通过您的那些强迫仪式、回避，您是无法获得精神上的安宁的，您仍旧会感到焦虑甚至更焦虑。您还是不想握我的手吗？

她勇敢地向我伸出手，我握了她的手。

▶ 很好，太棒了！我非常高兴。您的焦虑等级现在是多少？

▶ 6！

▶ 您等着瞧，它会下降的，这非常好，您非常勇敢。

就是这样一点点地，在一次次的治疗之后，我们在我诊所的候诊厅里关上灯，触摸了注射器，还脱掉鞋子走路。随后我们触摸了我诊所洗手间里洗手池上的水龙头，然后是冲厕所的按钮，甚至擦手毛巾。所有这一切并不因为一丁点儿的义务感，仅仅是出于对进步的渴望。

接着在我的街区，我们走到室外进行治疗。我让娜塔莎走在我旁边，下巴下顶着一份档案夹以阻止她朝地上看。如果有“感觉”她也不能返回。再然后我们开始借用树木的围栏来治疗。在娜塔莎看来，莫扎特大道上这些围着树木的围栏简直就是朝天竖着的注射器针头的窝点，就像一些导弹似的。路人大概在寻思这两个人在做什么。手牵着手，伸出胳膊，四目相对，围着树转圈。娜塔莎觉得背部有针刺感，想要查看的倾向很强烈，这很艰难，她抵抗着。当她下了公交车并看着车走远，那是尤为艰难的时刻：永远无法检查了，她不得不待在怀疑中。这是要好起来所要付出的代价。治疗继续着。那些军事用途的装甲鞋被脱了下来，她换上了更加优雅、女性化但却没那么大保护作用的皮鞋。针刺感变少了。娜塔莎又可以搭乘地铁，和朋友去餐馆吃饭，甚至去灯光昏暗的夜总会了。

天气晴好的时候，我们会去罗丹广场旁小公园的草地上散步。当然，禁止查看。在拉内拉格街上洗衣店的一两场治疗之后，娜塔莎已经可以正常地将衣物混在一起洗了。最棒的是，那是在一台公用洗衣机里！

现在，娜塔莎正常工作，已婚，育有一个孩子。尽管她仍有一些强迫症，但都在容许范围之内，强迫症不再糟踏她的生活了。

在惧怕患上或者传播艾滋病的强迫症之外，还有其他传染性疾病也会前来增强我们的“强迫症软件”。随着时间流逝，我遇到过疯牛病强迫症、弓形虫病[1]强迫症和包虫病[2]强迫症。我的一位女病人在道德强迫症尤为严重的前提下，惧怕巨细胞病毒。在她看来，巨细胞病毒是引发严重胎儿畸形和妊娠终止的罪魁祸首。她避开孕妇，在家里给一切消毒，且一有机会就洗手。

有的病人不怕肮脏，却正相反，他们怕肥皂或去污剂。我的一位男病人在洗澡时可以花上一个小时来漂洗。他不停地产生“没有洗干净”的强迫感觉。我也有机会见到过洗发露强迫症、洗洁精强迫症（在年轻女性中最为常见，她们怕伤害眼睛），利洁时、杀虫剂、洗涤液及很多其他产品的强迫症。

同样的，有人总是要多洗五分钟，多刷牙五分钟，多漂洗五分钟。强迫症患者淋浴或者盆浴花费的时间可以是惊人的。

通信和音乐污染

埃莱娜是奥尔良一所高中的体育老师，已婚。来见我时，她的生活已经十分艰难。她的公寓里有几间房间是禁止使用的，她无法踏足一步。厨房是尤为令她不舒服的。在厨房橱柜的一个抽屉里放着一把剪刀，该剪刀用来剪过从一家商店里买回的花，而这家商店的售货员可能

1 因寄生虫引起的一种传染病，弓形虫病往往是没有症状也并无大碍的。然而它却会在缺乏免疫力的孕妇，以及免疫系统弱的病人身上引发并发症。
2 一种由棘球绦虫的幼虫引起的罕见寄生虫病。

是同性恋，可能艾滋病检查血清呈阳性。另一间房将会在以后成为她儿子的房间，同样被禁用了。房间里有埃莱娜曾经负责过的一个协会的资料。她已经无法再常去该协会，因为有一名会员可能是同性恋。

埃莱娜大量使用漂白剂来给手或她认为感染了的物品消毒。例如，她去看她的妇科医生时，被带领着路过一家同性恋经常光顾的餐厅，她回家后就忍不住要用漂白剂洗一遍鞋子。当她进入一家商店，而店里正在播放皇后乐队的音乐，她就必须将她所有衣服送去洗染店。治疗初期，如果我给她打电话并提到了“乔治男孩”“佛莱迪·摩克瑞”“皇后乐队”“同性恋”或“艾滋病”这些字眼时，她必须把电话听筒用漂白剂洗一遍。

既然恐惧的是被感染，那么除了艾滋病强迫症，她还患有与之紧密相关的攻击性强迫思维或者说冲动恐惧症。她后来向我承认，当她第一次同她母亲一起从奥尔良过来时，她特别请求她母亲不要让她和我独处（这一点对其他男性也适用）。面对一名男性，她害怕受到某种冲动驱使，她会不由自主地想发生性行为。正如我们上文中读到的攻击性强迫思维的例子一样，这显然是不会发生的。事实上，当我去候诊室叫她时，她并未思考，独自跟着我走。埃莱娜很聪明，她可以流利地陈述她的困难，于是一种合作关系立刻得以建立。在经历必要的教学评估、治疗意愿评估阶段，并确定好配合的药物治疗后，我们便着手进行认知行为疗法。很快她便能够触摸我留存的一位艾滋病患者的物品，而不需要立刻洗手。当然，我本人会在她之前先把玩这些物件。她知道我们并不会因为碰这些物品而染上艾滋，无论它们是何种物品。起初，焦虑略显强烈，随后逐渐减弱。她可以听皇后乐队的歌而不把衣服送去清洁了。她成功地把皇后乐队的CD放进汽车的行李箱，随后是驾驶室，跟着是手提包，后来是放在饭厅的餐桌上，然后是床头柜上，再然后是她的床上！她触摸《执拗》(*Têtu*) 杂志上或者同性恋网站上的男性和艾滋病病人图像时，起初感到非常焦虑、恶心，随后不适感逐渐减弱。治疗末期，埃莱娜能够接受同一位艾滋病女患者握手了。

渐渐地，埃莱娜重新获得了如从前一般什么都能做的自由。她可以正常地使用厨房，又能重返她的协会了。她甚至同意去她曾经如此畏惧的同性恋餐馆用餐。如今她有一个15岁或16岁大的儿子，住着那间曾经被污染的房间。她一直感觉良好。

起初，她的强迫症表现为害怕感染艾滋病，但逻辑牵强。每个人都明白这些恐惧是错误的，我们完全清楚该疾病的感染途径。此后，强迫症“扩展”成了一些忧虑，一些连病人自己都百分之百批判并承认其荒谬性的反常行为。她很遗憾无法换一种行为方式。比如，因为某人在120公里以外的地方说出了污染性的语句就要用漂白剂给自己的电话消毒，或者因为听见了与艾滋病或同性恋相关的音乐就要把衣服送洗……

病人自己百分之百批判的强迫症，也同样存在，表现为：认为会受到某一概念，或某种个人特性的污染。

会传染的毒物癖

我有过一位女病人，是位证券交易从业人员的妻子，为了照顾三个孩子，她没有去工作。她患有“毒物癖强迫症”——一切与毒物癖有着或近或远关联的事物都是具有污染性的。如果她在广播里或电视上听到了毒物上瘾者这个词，她就必须洗手。如果在她阅读的文章里出现了毒物成瘾者这个词，就必须扔掉报纸，打扫所有报纸接触过的地方，然后以一种“强迫症的方式”洗手。

在治疗过程中，我们尝试过一个过于困难的练习，初次尝试时患者都未能成功完成。那是什么练习呢？精神病科医生经常收到与他们职业相关的、主题多样的各类邀请函、折页、小册子。我自己收到过一个毒物癖研讨会的折页。和这位病人一起，我们决定将折页放到她汽车的后排座椅。她需要将它留在那里直到我们下次见面。但她没能做到，并且忍不住把整个驾驶室都用酒精擦了一遍。

所幸，在治疗一段时间之后，她成功地将毒物上瘾者的药盒留在车里，而没有给车消毒。

会传染的贫困

我的另一位男病人患有“贫困和社会失败”的强迫症。在涉及迷信强迫症的同时（他进行一些强迫仪式以祈求不要变得贫穷）也属于污染强迫症：一切与贫困有着或近或远关联的事物都是具有污染性的。

我的一位朋友曾送给他自己已经不再使用的一张小桌子。几年后，这位朋友失业了，这张桌子突然变成了污染源，这位病人做出了与治疗相悖的错误举动，将桌子处理掉了。

毒物强迫症

毒物（石棉、放射性产品、灭鼠药、二噁英）在这一章里占据重要地位。

石棉铸就的隔绝牢笼

古德龙是奥地利人，她在林茨度过了她的童年时光。在地质学和矿物学方面的深入学习，引导她写了一篇关于石棉的论文。然而对于绘画更加浓烈的兴趣促使她去上了相关课程，并在几家通讯社里找到了好几份工作，成为一名美术图案设计者。她嫁给了一个在林茨遇到的、当时正在某企业实习的法国人，没有孩子。

两人都能流利地说两种语言。她对这个来自蒙托邦，有着橄榄球运动员般身材的小伙一见钟情。而他则被这位聪明且有着盎格鲁－撒克逊国家顶尖模特般外貌的年轻女孩深深吸引——红棕色长发、星星点点的雀斑、无可挑剔的三围。

不幸的是，当我在我的诊所第一次见到古德龙时，这段婚姻关系已经从美好的蜜月发展到了最糟糕的冷战。需要说明的是，古德龙患有一种她自己称为强迫性神经症[1]的强迫症，因为她接受精神分析法治疗[2]已经六年了，每周三次。她一点也不后悔接受了这一内省性的方法，认为这让她受益良多。我不去评论这一疗法，但古德龙的精神障碍完全没有得到治愈，才迫使她前来咨询。

古德龙同我分享她精神分析疗法中的“发现”，我对其中某些部分持怀疑态度。例如，她将德语中的“*asbesth* ”（石棉）与“*das best*”（最好的）进行联想。对于古德龙来说，她父母希望她成为最好的，这可能是她出现问题的原因。在我看来，如此处一般，试图理解病人为什么患的是这样一种而不是另一种强迫症（为什么我对石棉而不是灰尘或者细菌有强迫症）的需求是无用的，甚至是危险的，与那位“勒死人者”宪兵的强迫症案例同理（见“引言”）。

无论关于什么，精神分析工作都会加剧过度理智化，加剧针对某种焦虑的强迫性疑问，运用抽象概念，却牺牲了具体概念、行动，但这对于病人来说不无乐趣——精神分析学家们谈论思想的色情化。然而，最好要击败这些倾向——不允许怀疑、对强迫性细节怀有忧虑、反复思考——这些倾向在心理学家那里拥有肥沃土壤，可以让人不慌不忙地钻牛角尖，然后无休无止地纠结于涉及强迫观念的、并无效果

---

1 强迫症的旧称。

2 一种精神研究方法，致力于研究行为无意识的意义。目的在于通过内省和对无意识的探究，更好地自我认识。

的疑问。那么这种分析工作可以被视为加重强迫症的强迫性实践。这一点在“渴望知道”强迫症中表现得尤为明显（见第二章“道德层面的‘渴望知道’强迫症”，及第四章“‘渴望知道’和‘需要记得’强迫症”。）

无论如何，关于古德龙，没有任何理由来劝阻她继续内省心理治疗，尽管障碍的严重性、发病的频繁程度、夫妻关系的恶化、无论是个人还是职业方面社会化能力的完全丧失，都确实给这一治疗的效用打上了问号。或许多亏了这个方法，古德龙尚未轻生，即使她已经多次有过这个念头，因为她犹如活在地狱一般。她一周只出三次门，去见她的精神分析医师。当她外出时，她非常害怕石棉。她无法去电影院、大型商店等所有可能用到石棉的场所。她也害怕含有石棉的石棉水泥。某些墙面、某些人行道让她恐慌，尤其工地、残砖碎瓦及各类工程现场。但同样还有花盆，因为有的罐子或有的花盆也是用含石棉的石棉水泥做成的。古德龙是不可能从这样一个花盆旁边经过的，她会选择走到街的另一边，如果街道太窄，她就必须掉头。

尽管着装得当、外加采取了一些无道理的预防措施，并回避所有“有风险”的情况，身处室外时古德龙的焦虑仍然非常强烈。以至于每当要回家时，她都担心会污染自己的公寓，或者说污染得更严重——因为在古德龙眼里，公寓已经被污染了。

她的住所也不是平静的避风港，因为在她看来，几乎所有的东西都不同程度地受到了石棉的污染，她在家里什么也做不了，甚至无法从容地走动。她已经多年无法进厨房了。这起源于一台疑似含有石棉的烤面包机，尽管夫妇俩已经把它扔掉很长时间了；鉴于此，她的丈夫不得不去采购、做饭。她只能坐在某把椅子（她的那把）上；其他的则禁止入座；对于沙发也一样。除了塑料多格食盘或她丈夫留给她果腹的三明治，她无法触碰任何东西。她只能通过一把叉子去使用遥控器。她的病使得她只能阅读某几本书，那几本“完全污染的”德语书都被“流放”到了一个紧锁的橱柜里，任何情况下均不会触碰。古德龙的生活就像我在某些养老院里见到的老年人的生活一样，从早到晚地窝在扶手椅里，等待着第二天来临，而这新的一天又总是与过去的一天没有什么不同。

古德龙与世隔绝了：她既不能打电话，也不能接电话，因为在她看来，电话被污染了。她没有朋友。夫妻关系处于困境，她的丈夫指责她长胖了，并说她是疯子。他要工作，还要负责家里的一切。她想要一个孩子，而他不想跟一个精神失常的人生孩子。

我详细地告知她，目前就她的疾病取得的研究进展。当然，针对她的“困难”她有一位女邻居十分推崇心理动力学。古德龙与父母间的关系构成了她精神障碍的基石——我们已经看到了对于“*das best*”（最好的）的解读……关于那些障碍，她很难赞同别的猜想或其他的疾病原因论[1]模式。我强调过，如果说精神分析模式算是有趣的话，很不幸，它目前却没有改善她的状况。而她在该模式之外，再同时尝试其他国际知名且已证实有效的疗法，并无任何风险。我交给她一份我当时写

1 对某一疾病的致病因素，及这些因素发挥作用的过程的研究。

的一本关于强迫症的书的打印版初稿。在历经几个月的思考和疑虑之后，古德龙又来见我了，并决定跟随我进行治疗。我给她开了氟西汀，一种治疗强迫症的有效药物，并且我们开始了行为疗法。这一疗法主要在于，在几场治疗中，在非被迫的前提下，她将被带去触摸那些她惧怕的东西，而不能进行任何强迫仪式。

从第一场治疗起，她就成功用食指尖触摸了我诊所地上的割绒地毯。我让她给她的焦虑程度在0到10之间进行评分，10是她所感受过的最糟的不适感，而0是完全的平静从容。当然，事后是不能立刻洗手的，因为在古德龙的症状学中，清洗强迫仪式非常严重。每次回到家她都觉得必须洗头，此外每天晚上也必须洗头，哪怕她在白天已经洗过了。她在晚上的洗漱是非常让人担心的，因为可以持续几个小时，有时直到深夜，带着某种确实悲壮的“去污染”意图。她的丈夫十分小心地监督她以确认她在洗漱过程中没有碰到墙，否则全部都得从零开始。一场又一场治疗后，古德龙能用手掌触摸地板了，再然后可以坐在地上了。当然，所有的操作都会由我本人先做一遍——在情境治疗过程中，治疗师是不应该要求病人做他本人做不到的事情的。随后，我们用我出于治疗目的而保存在一个盒子里的灰尘来工作。最初她接受用指尖触摸，一段时间之后，她可以单手抓一把，再然后可以双手一起抓了。我们可以坐在割绒地毯上治疗了。有一天，我把我的电话，包括听筒洒满灰尘，我提议让她打电话到奥地利的林茨，联系某个她乐意与之说话的人。尽管深感焦虑，她还是选择打给她母亲。她们已经多年未说过话了，情绪很激动。古德龙非常高兴取得了这样的胜利。

她能够打电话了。她付出的努力给了她第一份愉悦。我热烈地祝贺她。

在接下来的一个星期里，我接到了古德龙打来的电话，这让我相当激动和高兴。她找回了打电话的自由。这是孤立她的强迫症高墙上的第一道裂缝。她终于可以沟通了，可以打电话、接电话、说话。她很快利用起这一进步来，甚至有点过度使用：电话账单并不能帮她改善和丈夫之间已然糟糕的关系……

我们有时在诊所进行治疗，有时则在室外。她能够碰鞋子了。后来我们通过一块隔音材料来治疗，是我诊所用的隔音材料的样品。这块岩棉做的隔音材料看上去像石棉，使古德龙很痛苦，在好几场治疗后她才能够靠近、触摸、拿在手里。有一天我们去一家大型商店，那必然是能够隔绝火源的地方，于是也代表着一个危险场所，一个很长时间以来她避免来的地方。进步日渐加速。她重获去电影院、去逛FNAC（法国文化和电器产品零售企业，主要销售文化、电子、游戏类产品）和商店的自由了。在家里，她也可以触摸越来越多的东西，并且不需要每次回家都洗头了。夜晚的洗漱仪式也同样减少了。她住的楼房隔音很差，之前夜晚下水道里的水声曾引发过邻里间的严重冲突，现在邻居的报复行为也停止了。古德龙带来了一些德语书和一台相机。相机被她丈夫装在一个塑料袋里，小心地封了起来，以便在治疗过程中训练她去触摸。很快，她又可以重新拍照了，也把她的书带回了家中阅读。她又能够绘画了。她不停进步着。忽然有一天，她可以进厨房了，再过了一段时间，可以为丈夫分担做饭的“苦役”了。她在家里可以做的事越来越多，夫妻关系也日渐好转，甚至重新开始了抛弃多年的性生活。不久之后，我们可以在街上工作了。我们借助花盆来治疗，对于一位新信徒[1]而言这还是略微有些不可思议和惊人的。拉内拉格街上，距离我诊所不远处有一家中餐馆。我清楚记得里面的员工在看到两个人在橱窗前徘徊了一小时，又时不时乱动花盆时，脸上猜疑的神情。

一直在逐渐减量的药物治疗也停止了。几个月后，古德龙所取得的进步已经足够令她重新找工作了，我们决定停止治疗。

灭鼠药沙拉

P太太是一位约70岁的可爱女士，身材娇小。她的强迫症是老毛病了，始于她20岁时。她的病情起伏不定，但促使她来问诊的最后一次发病是较为顽固的。她痛苦地忍受着她的强迫症，并把它看作上帝的惩罚。为何而惩罚呢？我们不得而知。她记得的重大罪行仅有两宗。当她还是小女孩的时候，她轻轻地掐过一个小婴儿，想把他弄哭，这样他母亲就能让她推童车了；第二宗反人类罪则让她遭受神的处罚：在国土解放战争中，她拥抱过一个美国人，她不确定，但这或许让她从中得到了愉悦。除了这两桩“极坏的恶行”，她并未犯过其他罪。

P太太只要做事，问题就会出现。她只有躺在床上时才感觉良好。当我第一次见到她时，她几乎什么都不做了。如果她勉强去调配沙拉醋，就算她看了十遍“葵花子油、红酒醋”，她还是无法确认她拿的不

1　刚开始拥护某一观点、个人、教义的人。

是毒药。有时候，当她调配完，怀疑是如此强烈，以至于她不得不倒了重新开始。一段时间以前，她尚能去超市采购。有一天，当她的小推车被装满时，侵入念头便出现了："如果有人买了灭鼠药并把它放到了这个推车里……"于是小推车受到了污染，进而污染了她刚挑选的商品。由于她把她买的东西放到了提包里，现在轮到她的提包受污染了，于是她想扔了它。可是她那摩擦过提包的大衣也同样被污染了，必须把它送去洗衣店，只不过把它送去清洗有可能会害死洗衣工人，应该把它扔掉。但是如何丢弃才能确保不污染他人呢？最好把它保存到一个袋子里，再也不要碰。当然，她把所有买回来的东西都先洗了一遍才收了起来……

偶尔，在P太太的脑海里，会猛然出现"我没碰过毒药吧？"这样的念头。当然，她家里既没有毒药也没有灭鼠药，但出于怀疑她得去洗手。动作完成后又会出现这样的想法"你确定洗过手了吗？"，出于怀疑，她一遍遍地重新洗。她需要数数才敢肯定。

当她12岁的孙女娜塔莉来看望她时，简直就是乱作一团。哪怕已经采取了所有的预防措施，她仍旧觉得有中毒的隐患。那几天，她甚至会去舔冰箱的把手，如果她没有死，那么她的孙女碰到它也不会中毒。

P太太在过去已经尝试过很多药物治疗了，可是没有任何一种疗效显著。她定期去内克尔医疗中心，在那里，她接受了针对白天住院病人的集中认知行为治疗。不幸的是，没有配合上适宜的药物帮助，P太太在进行练习时十分艰难。她经历着一些极度抑郁的阶段。在给她使用5-羟色胺再摄取抑制剂[1]的治疗中加入心境稳定剂后，抑郁症有了明显改善。但很不幸，P太太找不回欢乐无忧的生活了。

二噁英的含量

阿尔贝独自住在离我诊所不远的一套漂亮公寓里。他很聪明，尽管上学时成绩优异，也并没有就业。他家境殷实，就算不工作也能生活宽裕。他几乎每天都在离家不远的埃迪亚尔美食精品店采购。他的家里堆着数千本书，他对量子物理学、高等数学、哲学都感兴趣。他有很多爱好，知识面也广。

他患上强迫症的生活变得很复杂，目前的强迫症是从意大利开始的。当时，有过一次严重的二噁英逸出事故——赛维索化学污染事故。然而阿尔贝和他的父母在那一时期刚好乘火车穿越了那个地区。从那之后，尽管已进行过了去污染，阿尔贝仍然觉得公寓里存在受到严重污染的东西。

他的强迫思维创造出了一个等级划分。他划分出一些区域，尤其针对他的书堆，分为完全纯净未受污染的、中度污染的和重度污染的。他的很多书都是同一册两本甚至三本。一方面，是因为在这些有时会堆到天花板的书山中间，他不知道他要找的那一本在哪里；另一方面，也是更重要的原因，他坚持一定要有一本是处于完美状态的，不能有

1 抗抑郁药物的特殊种类，作用模式为：抑制5-羟色胺——一种神经冲动传送媒介（使得信息能够从一个神经细胞传递到另一个的一种物质）被位于上游的神经细胞再摄取，从而提高两个细胞间的5-羟色胺水平。

丝毫受到污染的痕迹。这是在污染强迫症里常见的案例，阿尔贝创造出了两个世界：一个“被污染的世界”和一个“未被污染的世界”。存在被污染的衣服和未被污染的衣服。要从一个世界去往另一个世界，则需要进行无休止的清洗强迫仪式。

我已经不记得出于何种原因，阿尔贝无法受益于合适剂量的抗强迫药物，这本该在他的练习中有所帮助的。因此，在来我的诊所进行了初期治疗，却没有一点儿疗效后，我同阿尔贝达成了协议。他要在他的公寓里选出两样他认为污染程度最高的东西，拿去测量二噁英的含量。如果含量并未超过普通环境中的正常值，那么他就要接受在他家里进行治疗。目的在于逐渐“污染一切”并生活在“污染了的环境里”。含量测定的费用昂贵，且只能在里昂完成，但钱不是问题。当阿尔贝看到结果后（当然没有一丁点儿二噁英），就无法阻止拉马涅尔医生去他家了。起初，他的焦虑感强烈，而且这绝不是件乐事。这些置身于情境中的治疗带来了一些好转，但还没有完全治愈他的强迫症。

放射性强迫症

我遇见过很多放射性强迫症的病例。因为众所周知，高频率及长时间置身于有放射性物质的区域会提高患癌的概率，这一恐惧自然可以在我们高估危险性的“强迫症软件”中发展壮大。

放射性研究员

Y先生是一名化学研究员。他最大的烦恼是他的某些同事工作时要使用到放射性产品，且要求他跟他们一起分享教室。这些教室对于他来说是具有放射性的。强迫症开始于他还在上大学时的一次实践课上操作某种放射性产品。在用吸管吸取的时候，他有一种产品进入嘴里的感觉。随后，慢慢地，伴随他那些回避举动和强迫仪式，他的强迫症扎了根。

Y先生一定给人一种高傲的印象，在工作中，他会避开那些他认为有放射性的人。他不与别人握手，只是远远地打个招呼。去上班时他穿特别的衣服，回家时他径直开始"去污染"，洗一个时间长得不正常的澡。若是在他不得不使用被污染了的教室的那几天，洗浴时间还要格外长些。

在他的公寓里有一块铺着割绒地毯的区域是他不能够再触碰的，因为他记得自己曾在那上面放过一件不凑巧曾掉落在地铁上的物品。然而那一天，他注意到有一些来自东方国家的人。在他看来，这些人神色可疑。很肯定，他们应该是做钚生意的（这最常见不过了……）。哪怕到了今天，他已经好很多了，但还是不能碰地毯的这一部分。他也知道自己有些可笑，因为他的猫有时会躺在这个区域，而他会抚摸它。

在某一时期，他的妻子曾买过一盆植物，并将它放在车的后备厢里拉了回来。Y先生的脑海里突然闯入了一个侵入念头："这盆植物吸收过切尔诺贝利的云。”于是后备厢变得有放射性；不能够再使用它了。他以突然特别想换车为借口，准备把它处理掉。

尽管他如今的情况已经很令人满意了，可是Y先生还是不喜欢他妻子最近买的一样东西：一块带有磷光指针的手表——意味着放射性强。所幸的是，这块表价格昂贵，否则我猜想它可能会莫名消失吧……

“中性产品”污染强迫症

如果说惧怕众所周知的毒害产品（各类毒药、灭鼠药、石棉、放射性物质……）还算得上有点儿伪逻辑关系的话，那么惧怕其他不具备任何危险性的东西就较为让人惊讶了。病人自己也不知道他们的不适、恶心、被感染的感觉是为何故。

我有过一位特别的女病人，她患有软木强迫症。对她而言，所有与软木塞或近或远的接触都是无法忍受的。她不再工作了；她甚至因为有人提出安装一个软木板来张贴通知的坏主意就辞了职。她的状况曾一度严重到无论白天黑夜都必须带着外科手套。由于她从不取下手套，而皮肤又需要透气，她的双手呈现出一种可怜的状态，发黑，还带着栗色，指甲的情况也很可怕，大概是受到了厌氧细菌[1]的感染。

1 在无氧条件下生长繁殖的细菌。

这类强迫症虽并非最常见的，但仍然存在。我遇见过对以下物品表现出强迫症的，明胶、所有带黏性的或油腻的东西、烟头、大麻、干净的卫生纸、虱子、昆虫……应该还存在很多别的类型，只是我还没有机会碰到。

所有这些污染强迫症往往会造成时间和频率上都不正常的洗手、淋浴、盆浴、清洁物品，以及对亲人的专制蛮横。他们会要求家人也必须在回家后洗澡、脱鞋、换衣。有位男病人要求其妻子在每次换房间时都必须换衣服。

这些强迫症往往会要求一些保护措施：戴手套，如同害怕软木的那位女病人的情况一样；或无法让别人进入自己家，这就有可能导致复杂的后果——比如水管漏了、坏了或者家里发生其他难以预料的突发状况。

第四章

精确、秩序、对称及完美主题

Les thèmes de précision, d’ordre, de symétrie et de perfection

在这类强迫症当中，“完美主义”[1]和“不容置疑”是首要的强迫症认知图式。

秩序强迫症

这类强迫症有时候会与清洗强迫症组合出现。

后果悲惨的秩序

贡扎格患有典型的秩序强迫症。他不再工作了。他卖掉了他的公

1 渴望把一切做到完美的倾向。

司，经济宽裕。他本可以跟他的妻子和小儿子幸福地生活。然而很不幸，他要花上几个小时来仔细查看他的公寓，手里拿着一把米尺，以确认家具与墙面间的距离是否合适，是否有东西散乱着，每件物品是否都在该在的地方了。就连他孩子的房间也必须绝对整洁，地上不能有任何玩具。

他不愿意让他妻子坐到沙发上，因为每当有人坐了下去，他就需要花上半个多小时来收拾靠垫。家政服务人员来过之后，贡扎格就完全慌乱了……他要花上好几个小时来重新将物品放回它们的位置，误差不超过一毫米，或是检查它们是否在正确的位置。他甚至会去检查柜子里的吸尘器是否按照应有的样子放好了。

贡扎格的强迫症是一种患者本人难以意识到的强迫症，很多这一类型的强迫症都如此。在难以意识到这是强迫症的情况下，患者都坚信自己的那些举动很有用。他试图将它们日常化，试图证明他这样做是对的。在他看来，别人最好也做相同的事。这类强迫症的治疗困难在于，社会是认可的：整洁有序总是好的。但每天花数小时来整理清洁，且不允许自己孩子房间的地上有玩具，那就确实是种病态了。

贡扎格清楚地意识到他的行为带来了一些问题。他在批评他人与自我批评间摇摆，不幸的是，大部分时候，他采取的辩解态度都是：“斯特凡妮就是不爱整理。”事实上，在她的个人书桌上，时不时会堆放着正在处理的文件。当斯特凡妮不在时，贡扎格就忍不住去给他妻子的柜子“来点儿秩序”。晚上，她会发现她的鞋子被摆放得十分整齐，分毫不差，就如同进入了一家奢侈品商店。她怒火中烧地爆发了，而贡扎格诅咒发誓说绝不是他干的，肯定是清洁工做的。他对于趁妻子不在时去整理她的柜子感到非常羞愧，所以选择否认。难道他不是在对自己说谎吗？他真的认为斯特凡妮好骗吗？他的行为就如同喝醉了的人，一身酒气，说话时发音困难，有时甚至站不稳："医生，我很高兴……呃……已经……唔……三星期……嗯……我没喝过一滴酒了。"

多亏了药物治疗配合认知行为疗法，贡扎格从此能够容许他儿子的房间白天有玩具了。他用来检查一切是否整齐有序的时间在减少。尽管如此，夫妻关系已经无法回头，离婚已无法避免。

害怕损坏

巴黎独立运输公司员工，糟糕的枪手

塞巴斯蒂安是公交车司机。由于害怕损坏，他已经几乎不再敢触碰任何东西了。每做一个动作前要犹豫再三，并且每个动作都要耗掉很长时间。把两个盘子、两把叉子、两把刀、两个杯子放到桌子上可能需要20分钟。塞巴斯蒂安和他的女朋友住在巴黎郊区的一套公寓里。强迫症作祟，他放弃使用摩托车，因为害怕把它损坏。某一天，他去上班，坐到司机的驾驶座上。当要插入钥匙时，他无法做到。害

怕损坏的恐惧非常强烈。他下了公交车，停止工作。塞巴斯蒂安很绝望，陷入抑郁之中。他试图瞄准心脏，饮弹自尽。所幸的是，他瞄得并不准。他被送到巴黎慈善妇女救济医院的外科住院治疗。他身体好起来之后，就被送到了我这里治疗强迫症。

塞巴斯蒂安很讨人喜欢也很令人感动。他说话时有点儿断断续续，因为有种追求用词准确的完美主义倾向。抗强迫药物氯丙咪嗪的治疗对他有所帮助，我们开始了认知行为疗法。我们使用的是预设了惯例化回应的情境疗法，治疗利用了塞巴斯蒂安认真的个性和总是要把一切做好的忧虑。

我让他用订书机砸我的办公桌，他只是轻轻擦了过去。我向他展示什么叫用订书机给我的办公桌重重一击，他违心地加大了点儿力度，但还是没我敲得那么重，并且忧虑感强烈。渐渐地，他习惯了，虽然不是心甘情愿，他也能够更自愿地猛击我那可怜的桌子了。忧虑程度在下降。几次治疗后，我们往前进了一步：用脚踹我的办公桌，要在我的长沙发上留下笔印记号……再然后，塞巴斯蒂安可以用衣服裹成的球扔向我诊室的割绒地毯了，要知道他对他的衣物是多么小心翼翼啊。他在这几场治疗中跟我学着“做蠢事”，事实上也并没有到蠢事那么严重，与此同时，他开始跟他女朋友做一些练习。这些练习以游戏的形式展开。他在穿衣服、摆放餐具或做其他动作时，女朋友给他计时，他要把逐渐缩短做这些动作所需的时间当作一项娱乐。塞巴斯蒂安如同一个高水准的运动员那样努力着。每次来问诊时，他都很骄傲地告诉我他的新纪录。我热烈祝贺他取得了这些进步。

他不停地重获自由，能够做的事情越来越多。有一天，尽管仍有几分担忧，他成功地重新骑上了他的摩托。他像从前一样带着女朋友去兜风，女朋友很高兴，他为此感到幸福。当我们结束治疗时，他的生活已经改头换面了，舒适惬意。10年后我得知，他的情况持续良好。

在这一类强迫症里，如同在完美强迫症或检查强迫症中一样，病人会感觉到需要大声说明每一件东西都完美、有序，没有受损或已经被认真检查过了。

完美强迫症

完美的地狱

为把事情做好而操心，可以说是一种品质。对工作非常用心，是件好事。相反，必须把一切做到完美，则是一种不幸。

这种完美倾向袭击了雅克。尽管他成绩优异，智商大大高于平均水平，思维活跃且有一种过人的灵敏，他却无法生活……仅仅是生存着。他有着宏大的野心，却无法工作。一切都成问题：熨一件衬衣需要花半小时，刮胡子需要45分钟，更不用说洗碗了。当律师事务所与他解除合同时，对于他工作的质量不吝溢美之词，但还是不再用他了。

别人足以处理四份资料的时间，他仅能用来完美地处理一份，这可不太划算。加之有时候，雅克被强迫症带来的约束弄得筋疲力尽，他无法起床、洗漱、吃饭，一躺就是好几天。此外，在强迫症中，面对有待完成的紧张任务时，常见患者采取回避态度。把需要做的事情延后，也被称为拖延症[1]。在雅克身上，这一现象被发展到了极致。他从不按时支付各类费用，因为于他而言，支付账单可不像对于没有此类强迫症的我们来说那样简单：他需要确认没有算错，而且需要附上一封表达准确、书写工整、没有涂改的信（然而这封信通常都会被处理文件的行政文员直接扔进纸篓里）。同样地，雅克会在被约束扰乱的整个白天里，给他的动作在脑海里排个完美顺序。他需要不停地回顾做过什么，决定要做什么，还有什么没做。这些就属于精神强迫行为。例如，他必须对自己说："我去看拉马涅尔医生，然后我回来，我要熨明天要穿的天蓝色衬衣，然后我再出去购物，我要买两片火腿、一些鸡蛋、一点儿牛奶，之后回家，把买来的东西放进冰箱，洗碗，做饭，吃晚餐，处理×文件，明早我7点起床，10点的时候我应该到达克雷泰伊的轻罪法庭……"

这些精神上的概要既非做不可又让人筋疲力尽。不幸的是，在雅克的状况中，存在两个很大的问题。第一个问题是他在批判自己的完美主义时，存在某种矛盾情绪。当然，他看得到他的完美强迫症带来的不幸后果。但他有点儿类似那些酒鬼，想要戒酒却一直在喝。事实

---

1 将需要完成的任务尽可能往后推迟的行为。

上，雅克也想更快速地做事，但只要可能就要把它们做得完美。我倒很希望他能够以名誉担保求快不求好地去做事。哪怕是这样，也已经能够比我们这些不完美却也没有强迫症的人中的大多数完成得好了。第二个问题是他抗拒抗强迫的药物治疗。因为他换过好几次城市（他搬了家）。他咨询过很多心理医生，其中不乏强迫症领域的杰出专家。他几乎尝试过所有有效的抗强迫药物，但却始终无果。他再也不想听见药物治疗这几个字了。

此外他还较为绝望，并常常批判我们一起做的事，因为他还没有预见到这是唯一可以走的路。

认知行为疗法旨在抗击完美主义。“要做好”是有待击溃的敌人。每次雅克感到某一个动作被很好地完成，那么就是情况恶化了，甚至是灾难。而每次当事情被草率完成或者没有做好，他感觉不快时，他正朝着胜利和治愈前进。当我把他的衬衣握进拳头揉皱时，他对我怒目而视。当我们写一些很简单的信去支付账单，并且禁止他从头到尾重读表格，也不允许对同一文件夹里已经滞纳的其他23份账单进行摘要时，我感觉到他已经极度紧绷，而不仅仅是愤怒了。他还没意识到随着大量地做这些事，他终将可以一个人来完成。此外，就好像该由他来对自己的强迫症负责，求助于某个专家让他很不舒服。当我们在诊所进行“马虎工作”的练习时，他仍旧有强烈的不适感，所以目前他还无法独自在家做同样的事情。

他太过骄傲（放错了位置的骄傲），以至于无法让一位朋友或者女朋友（当他有女朋友的时候）帮助他在家完成这些治疗作业。由于他坚决不接受，所以没有任何助手能够帮助他战斗。这很遗憾，因为这本可以加速进步。他反驳说他应该自己做到。这种想要自己走出来的意愿在强迫症患者中间很常见。确实，想要控制一切、掌握一切的愿望正符合他们的障碍。而这一障碍往往导致这些人从得到诊断到去找专业人士就诊的时间间隔会很长。

几个月后，雅克身上发生了根本的转变。他终于放弃了他能继续把一切都做得完美的念头，转而追求速度。他理解完美是他的敌人，也终于接受由他女朋友来帮助他。他表现得温和了些。他不再花费整个治疗过程来批判我们做的事。他不再断言说，并不是一周跟我做几次练习就能够“改变他的人生”。他积极勇敢地投入我们在诊所进行的“马虎工作”练习当中。

渐渐地，雅克可以独自在家更快地做事了。再也没有滞纳的账单。这些进步都很鼓舞人心，他正循着正确的轨迹向前走。

这些完美强迫症会导致很多回避行为。事实上，在强迫症中，回避程度与有待完成任务的紧迫性构成比例关系。几年前，我跟过一位信息工程师的案例。当他来看我时，他洗澡需要花四个小时。在他看来，要洗干净就要花四小时。他下班回家时，会对自己说：“我不立刻洗澡，因为我需要四小时。”到了午夜，他又想：“我现在也不洗了，因为我要洗到凌晨4点。”他是很爱干净，每半个月要洗一次时间足够长也足够完美的澡。

完美强迫症可以涉及口头表达。有一位我在多年前在内克尔医院看过的男病人，在每组词之间会停顿30秒或60秒（这很长）。他怀着一种慌乱的恐惧，生怕选用的词没有完美地表达其思想。我们都认识一些人，在自己无意识的情况下会有明显的强迫症，害怕说的事情不够完全准确："我们到达的时候是13点30分……而不是13点32分。""他当时坐在我右边……而不是左边。"在叙述过程中，无论是13点30分还是13点32分到达，是坐在左边还是右边肯定都改变不了什么，而叙述人会隐约有一种不诚实、不完美、不完整、虚假的罪恶感。强迫症命令他："你应该更正。"于是他重新说。

在这类强迫症中，往往需要说尽每一个细枝末节。完美也可以表现为对详尽、没有任何遗漏的追求。有位男病人，看电视时会不停地用遥控器后退，病态地怀疑自己没有完全听到、理解和记住。有一位女病人是《世界报》的忠实读者。在那个时代，报纸还是很"丰盛"的。她受制于强迫症，必须从第一行到最后一行一字不漏地阅读。有时候，她会对我说："我已经有五期《世界报》没读了。新闻已经变得不那么新了！"在其他一些情况下，她总是需要确认对话者完全明白了刚才自己所说的话。

书籍的阅读也可能出现同样的问题。某些人感到必须将书中的信息全部读到（包括英文的参考书目），甚至包括版权信息："印刷完成于2014年2月14日，版权……"

完美强迫症也可能涉及写作——永远无法完成的博士论文

或硕士论文！我目前正在治疗的一位女药剂师十年前就读完了课程，但她始终无法撰写她的博士论文。于是她有一段时间一直无法就业，跟父母生活在一起。此前，还有一位学政治科学的女大学生来内克尔医院找我治疗，当时已经是她撰写博士论文的第六年了……

有时候，这种完美强迫还会涉及选择或者决定。对于一位女病人来说，给自己买件衣服成了一种真正的苦难。它得是完美的衣服：质量好、时尚、穿着舒服且价格不贵。在经过几个整天的寻找之后，她才终于下了决心买了一件。刚回到家，强迫症怀疑就又发作了。衣服不完美，要把它退了。就这样，她在数量可观的服装商店里都开了借据。我的另一个病人有同样的想法，他休了15天假才买到了一件自行车运动衫：他必须逛完那个地区所有卖运动衣的商店，在每一个商店里，他都仔细检查每一件运动衫，他需要绝对确定买到了所有商店里最完美的那件。

“渴望知道”和“需要记得”强迫症

我把大量“渴望知道”强迫症归入精确、秩序、对称和完美这一主题。这一症状中最活跃的强迫症图式是“不容存疑”，但在这个渴望知道的欲望里，我们可以发现对精确的追求。

“不知道”会被视为一种不完美，并给人一种不完整、未完成的感觉。

难以抗拒的知情渴望

路易丝－诺埃勒是一位讨人喜欢的小个子女士。她有三个女儿。针对所有事情她都有“渴望知道”强迫症。如果她看到自己的一颗痦子，她可以花上几个小时去观察它的颜色、形状、构造。当她走在街上，如果她的目光被她瞥见的某物吸引，她必须要退回去，待在那里足足一刻钟去观察它。在我的诊所里，她试图询问我的墙纸的确切颜色：灰蓝色还是灰绿色？当然了，我是不会回答的。因为在她的强迫症里，侵入念头正是这个问题：“拉马涅尔医生诊所墙壁上的贴纸究竟是什么颜色？”而强迫行为帮助她为这个问题寻得一个答案。我得再次提醒，强迫行为会加重问题。而针对这样的强迫症，目标在于让病人停留在疑惑中时想想其他事。由于事件突出，我清楚记得在病情最严重的时候，路易丝－诺埃勒这样一位精致且举止得体的女人，也会情不自禁拦下别人询问何为变性人，令被提问的人很是窘迫！

有一种强迫症跟这种强迫症很近似，即“需要记得”强迫症。

迫切地需要记得

热罗姆是一名信息工程师。从早到晚他都被这类风格的问题缠绕着："今早停在我的车前面那辆车是什么颜色的？""我前天抽了几支烟？""今早当我小便时我在想什么？""谁是2009年法国网球公开赛的冠军？"这类强迫症的强迫行为表现为有意识的精神性作为，必须给这些问题以答案。于是当电脑不能显示某网页时，热罗姆便能任由思绪徜徉，试图给这些并不有趣的问题找出答案。对他而言，40毫克的氟西汀也不足以帮助他改善强迫症。在通过使用一种颇具争议的方法——思维阻断疗法[1]之后，热罗姆才告别了这一强迫症。

在"渴望知道"强迫症这一分类下，有一种我多次遇到的强迫症。

我真的确定我爱她吗？

克莱芒有一个迷人的女朋友。几年前他曾因一些还不太严重的强迫症来咨询过我，例如检查灯光、门、水龙头。这些症状很快就治好了。而这一次，他不是为了强迫症而来。由于我们之间的关系很好，

1 行为疗法中的一种方法，由考泰拉提出。目的在于人为中断患者思维，形成条件反射后，以帮助患者停止强迫思维或强迫行为；该方法现已过时，因为它会产生一种反效果，从而增大强迫思维出现的频率。然而在部分特殊强迫症的治疗中，这一方法却十分有效。

他是来向我讲述一个扰乱了他生活的问题：他问自己是否爱他的女友，他觉得自己没有坠入爱河。他的女友无可指责，他在她身上看到的优点能列出一张写不完的清单。他所有的朋友都羡慕他，他们对他的女伴不吝溢美之词，认为她棒极了。

由于无法承受这一质疑，克莱芒还是离开了他的女朋友，后为此决定感到不幸至极。他又很快回到了她身边，然后再离开，然后再回来。他不想要听到这是一种强迫症。他强调说在结婚前问问自己是否爱对方是件合情合理的事。这确实是件明智的事，但不是在三年来每天自问八小时的情况下！他感受到强烈的不适感，进而转变为慌乱、不完美的感觉。他觉得自己并没有“该有的”恋爱感。如果换成一个更好的人他就会更爱对方吧？折磨他的无疑是一种病态疑问。在同他的女友数次分分合合之后，他最终娶了她。然后，他告知我他想离婚。就是在那个时候，我建议他在分开前先尝试服用抗强迫药物，效果十分喜人。

克莱芒已经结婚很多年了，生了好几个孩子。“我真的爱她吗？”这一侵入念头没有再在他脑海里出现过。

这一“我真的爱他吗？”强迫症可与我在道德强迫症中（见第二章“宗教、道德、迷信主题”）提到过的“我不是同性恋吗？”强迫症相结合。我有一位男病人每天问他妻子50～100次这一问题：“你确定我爱你吗？我不是同性恋吧？”

“我爱你”这一凶手……

塞巴斯蒂安的情况是这类强迫症中的典型例子。塞巴斯蒂安是个认真的男孩，他在高等经济商业学院上学，是虔诚的天主教徒，参加过世界青年日。他有一个女朋友。有一天，他做了件不忠诚的事。由于他迟疑又诚实，并且又患有强迫症，他感到自己必须“坦白自己误入歧途的行为”。因为女友未能欣赏他的诚实并离开了他，塞巴斯蒂安表现出抑郁的反应：哭泣、悲伤。他为了追回他的女友而斗争着，表现得很顽强。她最终在他的坚持面前让了步。说到底，她是爱塞巴斯蒂安的。但自从她接受重新跟他在一起之后，“我真的爱她吗？”强迫症便登场了。塞巴斯蒂安向我解释说，如果他并非真的爱她，那是极其可怕的，他曾请求她原谅自己，并发誓他爱她。他们在一起度过了一个周末，而强迫症逼着他确认他是否爱她。在某一个时刻，他有一种厌倦的感觉——真是个灾难，这是他再不爱她的迹象。我问他是否跟最爱的人们在一起的时候，他从不觉得厌倦。当然，他承认厌倦感也时有出现。尽管如此，他的情况日渐糟糕。

强迫症和抑郁症交织在一起，我不得不给他开了抗强迫药物。配合上后续的认知行为疗法，这剂药能帮他回到正常状态。

“需要坦白”的强迫行为可以是很可怕的。由塞巴斯蒂安迟疑的坦白造成的分手本该是彻底的。有一些病人，当他们对某人、某个行为或者某个缺陷存在负面看法时，就会觉得必须要让相关人员知道他们的“坏想法”。他们最好避开外交官这一职业！

与此很近似的情况是“需要获得赞同或得到赦免”。这可不是指在做出重要决定前，时不时征询别人的意见。这类强迫症患者每天不停地处于强迫需求当中，需要为某个决定或某个他们做出的动作求得赞同。他们会为他们可能犯的微不足道的错误请求赦免。若要为这类强迫行为举个例子，可以用这个问题：“在候诊室里，我不小心用脚踢到了椅子。这不严重吗？”

关系到精确或完美的阅读强迫症

很多强迫症患者都有阅读障碍，就如同我们在前面看到过的一样，某一些是由于迷信强迫症（“如果我不重读这一页，那么会有不幸发生”，见第二章“宗教、道德、迷信主题”），其他阅读强迫症则关系到对于精确、完美的需求。此处，最优先的强迫症认知图式是，不容存疑。

某些人在阅读一句并不重要的句子时会有这一念头：“你读懂了吗？”事实上，他们完全理解了，然而可怕的怀疑却导致他们重读一次。这里追求的不仅是理解，而是绝对要确定完美地理解了。当这一情况发生在阅读每句话时，我们就明白他们为何放弃阅读了……词义细微的变化便会导致自问：“你准确地、完美地知道这个词的定义吗？”于是他们必须要查字典。可在字典给出的定义中，新出现的词又引发了问题，就这样继续下去。阅读被变得棘手。对于单词拼写的怀疑也会导致病人无休止查字典、进行核对的强迫行为，这让本该流畅惬意的阅读变成了无法忍受又恼人的活计。

第五章

对于潜在危险和灾难的保护主题

Les thèmes de protection à l’égard des dangers
et des catastrophes

如同我在本部分开头解释过的那样，我选择通过主题来分类，纯粹出于教学目的。很明确的是，为数众多的强迫症是同时涉及多个分类的。这个类别中，居首位的强迫症图式是“高估危险性”，常常还有“高估责任”，这就与第一组的道德主题自然连通。“不容存疑”图式同样扮演着它的角色。

例如，一位秘书反复读了一封信六遍，这样做可能是出于几个原因：害怕出现严重错误并因此丢了工作（针对危险的保护主题）；需要反复阅读，这样亲人身上才不会发生不幸（迷信主题）；害怕自己写了“大蠢货，请您接受……”（道德主题：攻击性强迫思维）。所以，如果某人患有强迫症，那么去理解究竟是什么让他做出这些强迫行为（到这里会反复检查刚才打了什么字）就尤为重要。需要让他仔细地去明确，在他看来，如果他不做出这些强迫行为，会发生什么。

在我们现在要谈论的对于潜在危险和灾难的保护这一分组中，我们将主要看到反复检查的患者。

我不会囿于最常见也最普通的强迫症。在职场里，可看到：反复阅读信件、邮件，检查数字（证券交易人、会计……），查看接通情况（工人、工程师……），检查计算结果（设计院、工程师……），检查分类（档案保管员、资料员……）。在工作以外的世界，我们会看到：无数的病人检查天然气、灯光、电器、门窗、烟灰缸。然后还有一些人一再查看他们的汽车，手刹有没有拉紧、门窗有没有关好、灯光有没有关闭。部分人需要摸摸玻璃窗以确认确实关好了。其他一些人，即使已经通过中控锁好了所有门，也要把每一道再拉一遍以确定没有任何一道是开着的了（万一呢……）。随后，由于还是存疑，需要重新开始一遍，一而再，再而三。

有时候，病人害怕弄错所有与支付、申报、信件、估价单相关的事。签张支票来支付某账单可能要花费很长时间："我写的金额正确吗？""我没忘签字吧？"那难以书写的信封也得被重新打开，以便确认所有的东西都很好地放了进去，或者没有不相干的东西被误塞进去。寄信也同样成问题："我确实把信投进邮筒了吗？""信没掉到地上吧？"然后需要查看地上是否什么也没有。可是他们往往无法确定地上什么也没有，于是要待在原地徒劳地寻求安心。

针对一切的超级检查员

当我去候诊室叫拉希达的时候，她花了很长时间转身，弯下腰去看是否有东西掉到椅子下面。后来我得知，她担心很多事，其中包括卫生棉条会从内裤里掉出来！她背着一个很大的背包。她把它放到地上，但是并不从里面拿出她需要的东西，比如装有医保卡的钱包、用来支付诊费的支票簿以及她记录约会的纸张。她弯着腰，在不把卡包拿出来的情况下取出了她的医保卡。随后迅速地把拉链拉上，又拉了四五次，才终于嘟囔道："包拉好了。"

她终于可以安静地检查她的医保卡，以便在把它给我之前，能够确定这确实是她的，万一有人调换了呢？此外，看诊结束后，我还给她时，她需要再次核对，确认是她的卡后，方才能收起来。随后，需要核对同我约的看诊时间，万一变了呢？每一次她从包里拿出东西，总是从头上演一遍俯身拉包。结算诊费时，填写支票也是一项证明：需要非常仔细地反复阅读，就像一个民航飞行员在起飞前填写检查表那样仔细，或者更甚。

拉希达对于检查一切的需要渗透到她所有的动作中。从不会无忧无虑，从不会顺其自然。在地铁上，需要确认是否谁也不认识。必须时常查看自己的鞋底是否没有东西粘上去。吃药也能说明情况，拉希达可以花20分钟去检查是否一片药也没有掉到地上。没有任何动作是无足轻重的，每个动作都要求缓慢和检查。

这类病人会有这样一种感觉，如果我们同时做两件事，那么两件都会做不好。在治疗过程中让他们同时做几件事，是很有益的。例如，在一边摆放餐具或手洗衣服的时候，一边听电视上或者广播里的辩论，因为辩论是需要专心听才能够把它复述出来的。

不幸的是，目前，拉希达无法工作。她的检查太过度了，而她奇怪的行为是她上级所不容许的。我们希望她的治疗能够帮助她重获正常行为的自由。从这里我们可以看到，拉希达的强迫症（她对于检查一切的需要）带来了糟糕的后果：停止工作。

害怕丢小东西，是我们时常碰到的另一种强迫症。过去，有位年轻女性来找我咨询。她来时没带包也没带钱，身上仅有两张地铁票（这样她就什么也不会丢了）。然而，每走两米，她还是要回头确认她没有丢任何东西。洛朗也属于这一情况。

可怕的失去感

洛朗曾在巴黎慈善妇女救济医院住过院。他的情况日益严重，已经无法扔东西了，因为他是如此害怕某件重要的东西滑落到他要扔的东西里。他甚至不能再走到他住的街道上购物，每走一步，他都被掉了什么东西的念头吓住。

出院后，他被送到了我这里，进行针对强迫症的认知行为治疗。我第一次见他时，他已经好一些了，但几乎不能随身带任何东西。他来看我时要么是母亲陪同，要么是父亲伴随。他带来一些我让他从我的办公室拿出去的纸和发票，随后我们把它们分类并整理到一个档案袋里。然后他要带着这个档案袋离开，但离开前不可以检查是否所有东西都在里面了。他必须要等到第二天早上才可以进行检查。很快，我们走到我这栋楼的院子里去扔掉我的一些废纸，同时还拿着一些属于他的文件。起初，洛朗焦虑感很强烈，随后他逐步适应，少了些局促不安。再然后，我们开始走到街上去。他的口袋里装着一些“重要”的东西，他的钥匙、他的银行卡小票……我们走在街上，我从他的一个口袋中拿出一些东西放入另一个口袋，他不可以回头去检查。他神色紧张，表情僵硬。很快，我把他送上经过莫扎特大街的公交车，他母亲在两站之后等着他。现在，他已经能独自从第17区坐公交来看我，然后又以同样的方式回去，上街已经基本不会给他造成问题了。不久后，我们开始用地铁来训练。洛朗从那之后又重获了更大程度的自由。

我们看到这一组“对于潜在危险和灾难的保护”主题中的强迫症同“道德、宗教、迷信”强迫症有着多么紧密的联系。克里斯托夫的强迫症就可同时归入这两组。

乐善好施的人

在克里斯托夫身上，即使他的“高估危险性”这一认知图式很活跃，但排在第一位的图式要属“高估责任”。以下是他日常生活中的几个例子，可以帮助我们理解他的强迫症。当克里斯托夫骑摩托或者开车时，脑海中便会出现强迫的侵入念头："你或许制造了一起事故。"于是他不禁后退、掉头、绕过大片房子去查看。问题在于，在这绕圈看的过程中，另一个"造成了一起事故"的侵入感觉又突然出现。于是他需要一再查看。秋天是一个会加重他状况的季节——路上有枯叶，一个老年人可能会踩上去进而滑一下，然后摔倒、死亡。于是他需要在他走过的路上把落叶聚拢并移开，把它们变得没那么危险。骑摩托时他无法使用本该很有用的喇叭。这个突然的声响可能会在某个已经有过梗死的人身上，再次引发梗死，而这一次是致命的……

克里斯托夫爱好运动，尤其喜欢慢跑，但他做这项运动时障碍重重。如果他远远地听到一声叫喊，就会产生某人可能遭遇了正在被强奸的念头。于是必须去查看叫声来源。如果在跑步过程中，他认为自己看到了一支注射器，则必须返回去查看。那有可能是一支污染了的注射器，可能会有小孩拿着它玩。到了冬季，克里斯托夫和我的很多其他病人一样为无固定住所人员担惊受怕。而事实上，由于严寒，相关部门已经请好心人在看到需要救济的流浪者时拨打急救电话了。你无法想象有多少无固定住所人员在睡梦中被克里斯托夫扰乱，他想要确认他们是否还活着。

对克里斯托夫的治疗关键在于，让其意识到他的行为有多荒唐。仅仅聚拢他经过的路线上的落叶难道不算有些疏忽吗？他不应该也聚拢相邻街道上的吗？情境治疗的重点在于，开车时就算出现造成了事故的强迫感觉也不能折回去，哪怕会致死也要按喇叭，把枯叶撒到人行道上而不是把它们清走。即使克里斯托夫仍有一些审慎多虑的特质，但他的生活彻底改变了。

以相似的逻辑来看，我的一位病人走在街上时眼睛是死死盯住路面的。如果他抬起目光并不幸看到有人进入一套公寓里，“这个陌生人可能身体不适”这一侵入念头便会缠绕着他。于是他可以待上几个小时，只为了再次看着此人出来。当他从一辆车前面经过，而他觉得某个轮胎漏气了，他也需要待在车旁边等待：要告知车主的义务感让他必须这么做……

第六章

其他主题：无法归类的强迫症

Thèmes divers: les tocs inclassables

不断重现[1]又令人不快的画面、声音或侵入词，但未伴随强迫行为

我们当中的每一个人，都会短暂地在脑海中不断浮现某段音乐、某首歌、某个词。往往这段音乐或曲子并无让人不快之处，且只是暂时的。你能想象若是同一个词或者同一首歌几个月以来每天八小时不断萦绕着吗？那就变得无法忍受了。

有位男病人就是如此，从早到晚他脑海里都是“夜总会”这几个字。仔细问来，并未发现任何肢体上的强迫行为（他不会做出任何姿势、任何动作来打消“夜总会”这个词）或精神上的强迫行为（他也不在脑袋里对自己说“日总会”或其他东

1 见“侵入念头”。

西来打消这个词）。这类强迫症较为罕见，但正是在这类以及“渴望知道”强迫症中，使用颇具争议的思维阻断疗法是很有效果的（可参考第十一章中的“新思维阻断疗法”）。

不自主的且令自己不快的身体感受或者说身体的强迫思维

这里要说的是持续的感受或痛苦。你将看到一个关于强迫症侵入感觉或感受的例子，尤其是凯文的案例（见第九章“感觉‘失去自动性’或‘意识不自主且令人不快’”）。

囤积[1]，堆积、收集、无法丢弃强迫症

在这一组当中，有一些我们容易想象到的强迫症。我们不把收藏者视为病人。我们十分理解人们倾向于保存某些东西的行为，在他们看来，这些东西有朝一日会派上用场。即使收藏主义本身是带有强迫性质的，但并非所有的收藏者都患有强迫症。然而，其他一些收藏则会超乎想象。我的老师伊夫 · 佩利

1 保留、堆积物品，直至生活场所被侵占的行为，导致严重阻碍生活空间的正常使用。

西耶教授讲述过一位男病人的案例，此人将自己几个月甚至几年的粪便存在很多的小塑料袋里。他的收藏占据了整个房间，且散发出恶臭……

“这会有用的”先生

沙利是信息工程师。强迫症把他驱逐出了自己的家。他堆积了很多杂志、纸张、各种物品。他的公寓被这些东西填满了——他的床上、桌上、每个角落直至天花板。于是他只能暂住在父母家。这下轮到他父母的公寓开始被一切与沙利有关的东西入侵。这零乱的“杂物堆放处”让他父母既不安又不快。他们决定租两个车库，一来，可以把他们儿子的公寓腾空，好让他重新住进去；二来，也好把他们“亲爱的儿子”堆积在他们家里的东西搬过去。然而三个月后，却并未发生任何变化，只不过多了两个满到快炸了的车库。

累积记忆的义务

保罗是大学老师。他选择在距离巴黎较远的乡下生活。多亏有高速火车，距离并不是什么大问题。除了每周两天去位于巴黎的学院外，保罗主要在家工作。他的强迫症与他的一个儿子安托万有关。我们并不知晓其中原因，但是保罗需要保存着和这个孩子有关的所有东西：要知道一切，要永远保留一丝痕迹。他每天为他拍一张照。这让人想起画家奥帕尔卡（Opalka）那些非常具有强迫症色彩的作品。他有条理地将很多数字成列地画在很大的画布上，并每天拍下一张照片。安托万做剪贴画时，保罗不仅留下他剪出来的东西，还同样保留掉落的碎纸、剪裁后的垃圾。安托万吃糖时，他要留存糖纸。安托万使用舒德尔玛（Sterimar）喷雾器，他父亲则保存下所有空瓶子。在花园的尽头，他有一处储藏棚，整个贡献给了这些有步骤地分好类并贴上标签的“珍贵纪念品”。保罗称之为记忆的义务，而这正是其强迫症的体现。为什么这记忆的义务不涉及他的另一个儿子皮埃尔（他同样爱着他）？或是他的妻子安妮-夏洛特？

事实上，保罗来找我并非完全因为他的囤积强迫症，毕竟他整理得很好，留出足够的空间，并未妨碍任何人。反而是他的妻子安妮-夏洛特给他下了最后通牒。由于保罗在囤积强迫症之外还有“渴望知道”强迫症，且该强迫症汇入到他的“记忆义务”中，一起作用到儿子安托万身上。为此，妻子以离婚相威胁。

安托万每周去学校离开家的那两天，保罗会变得慌乱。因为在外省（巴黎以外的地区均被称为外省），安托万生活的细枝末节都逃不过他的眼睛。他总是跟儿子共处一室。他能够这样做，因为他要么写文章，要么指导学生的博士、硕士或学士论文。他送安托万去学校，知道儿子穿哪些衣服、吃什么、几点从学校回来，走哪一道门，等等。每一个细节对于保罗来说都至关重要。如果他错过了关于安托万的某个细节，就会焦虑起来。他不仅保留着儿子留下的物品或痕迹，还有一本记录其一切生活细节的传记。在这个必要的信息收集中，不能有任何遗漏，尽管它们既无价值也无作用。当保罗在学校里度过两天从巴黎回来时，会不自禁去提上千个关于安托万的纠缠不休的问题。他过去两天穿了什么衣服、在公交车上坐了哪个位置、吃了什么……所有这些强迫性问题均属于“渴望知道”强迫症的强迫行为。

我们决定首先处理这些威胁到夫妻关系的强迫性问题，随后再解决囤积强迫症。作为开始，保罗需要给安妮－夏洛特写如下一封信：

安妮－夏洛特：

通过与拉马涅尔医生沟通，我决定将我关于安托万的问题的提问限制到以下时间段：18 点到 19 点。我会努力不在这个时间段以外的时间提出问题。如果我还是克制不住要提问的话，请不要回答我。我需要你的温柔与坚定，因为回答我的问题只会加重我的病情。

谢谢你。

保罗

我们逐步将时间段限制得更紧：第二天几点到几点之间，然后每隔一天，再然后一周三次，后来是每半个月一次，最后就完全没有了。对于提问的绝对需求变得模糊不清，直至消失。

随后我们开始治疗囤积强迫症。保罗必须带来安托万的珍贵纪念品（糖纸、圣诞木材型蛋糕的包装……）。他开始丢弃。最艰难的部分完成了：他的收藏有了缺失，再也不可能完整。然而现在你知道了强迫症一分为二的思维：要么全部，要么完全不。收藏要么完美，要么毁灭。而在这里，是毁灭！

保罗痊愈了。

弃置恐惧

克里斯泰勒在保险公司工作。她无法丢弃任何东西，并非像典型的囤积强迫症那样需要存东西，而是害怕扔掉了某个重要的或者机密的东西。她有两类“垃圾”：生活垃圾在她母亲的帮助下是可以丢弃的（幸亏母亲住得离她不远）；而她绝对无法丢弃所有纸张、报纸、杂志、信封、广告。

除了囤积强迫症，克里斯泰勒也表现出了其他强迫症，尤其与她的仓鼠有关时。养它的时候，她必须要反复查看她给它投放的食物数量；在长时间地洗手之后，给它反复清洗盛水的容器。

针对她的强迫症，给她服用了文拉法辛（见第十二章“强迫症的药物治疗”），同时我们开始尝试预设了回应的情境疗法[1]。她来治疗时，带来一些装满纸张和报纸的袋子。治疗的目的是帮助她正常地扔东西。在治疗初期，她感到自己必须一页页地检查每一份杂志。或许两页之间会夹着钞票、银行账单或其他她视为秘密的纸张。后来她可以在扔之前越来越少地去检查了。信封先被平整地放着，以便非常确定里面没有遗留任何东西，随后被撕得粉碎。渐渐地，克里斯泰勒能够越来越快，也越来越正常地扔东西了。后来她可以独自正常地倒垃圾了。

1 一种治疗方法：（在征得患者同意后）将患者置身于会引发其强迫行为的情境之中，而又注意监控，阻止患者做出该行为，旨在培养一种适应性。

最后，我在她其他强迫症的治疗中也同样获得了成功。

不幸的是，几年后，她养的一个小动物死掉时，她又陷入了另一种模式的强迫症。

需要提醒大家注意的是，在美国人的《精神疾病诊断与统计手册》第五版（*DSM–V*）的新分类中，囤积癖已经不被归入强迫症，而是一项单独存在的疾病实体。

需要数数或需要将字母或音节联系起来

数数强迫行为有很多类型。最常见的是需要通过数数以确定动作完成了："数到50，你就可以确定你的手洗干净了。"有时，计数融入迷信强迫症当中：这个动作必须要做一定次数才不会有不幸发生。

有时，会出现自动数数的情况："自己就开始了""我也不知道我为何要数数""我一做事情就会开始数数"等。针对这类强迫行为，我建议展开不兼容精神活动，比如背诵一首诗或其他东西，或者唱一首歌。这相当于间接执行了预设的回应。逐渐地，自动数数的频率就会降低。

数数强迫症有一种变化，即需要将字母或音节联系起来，有时甚至是把它们数一遍。这里就属于强迫行为（有意识的精神行为，但具有必须性），有待战胜。

病态型迟缓

它通常与某种强迫症联系在一起，应当引起重视。它有可能只是一种强迫症的结果：很显然，如果有人出于迷信原因洗上四个小时的澡（一再重复清洗动作以使不幸不会发生），或者因为总是有病态的感觉："你还是不干净"或者"你还没能够去污"，洗起澡来自然会慢。如果一位秘书反复读一封信或者一封邮件20遍，因为她害怕犯错，或写了丧失理智的话，在她一遍遍阅读的过程中，她无法写别的信件，并可能因为她的缓慢丢掉了工作。有一位有完美主义的大学生，他要完美地写每一个字，绝不容忍作业里有涂改笔记。他能很好地答前三个问题，却没有时间继续做后面的题了。

但有另一种类的迟缓，它本身就是一种强迫症。患者甚至不知道自己为何如此慢。他的时间就如同被暂停了。如果你患有病态型迟缓，你的治疗就需要求助于一位助手，即一位与你关系不错且愿意帮助你的亲人。他会为你希望做出的动作计时。你应该像一个高水平的运动员那样，在逐步提高计时器显示的成绩中得到乐趣……你应该制订理性的目标，然后越来越雄心勃勃地去达到完成相关动作所需的正常时间。若需了解正常时间，你可以询问20来位朋友，他们做这个动作所需的时间，然后计算出平均值，得到的数字便可构成你的终极目标。

强迫型迟到

大部分强迫症患者，出于完美主义或者高估责任的认知，十分重视守时（守时是去面见国王时的首要礼仪）。相反，其他一些强迫症患者则因为他们的障碍而总是迟到。

对于部分人，他们长期迟到，只不过是强迫行为的结果。他们做出强迫性仪式所要花掉的大量时间导致了他们迟到。往往因为紧张、害怕迟到，他们的焦虑程度就更甚，也因此，他们就愈发需要进行强迫仪式。有的人在出发前反复检查，有的人无法从浴室出来……无论他们的强迫仪式是什么，他们离开时已经太晚，自然就会迟到。而有其他一些人，并非因为某些强迫仪式迟到，而是患有一种病态的长期迟到症。出发晚了会引发一系列糟糕的结果，而他们的强迫行为恰恰表现为对这类结果的需求。他们只能这样做。

有这样一位病人，需要赴约或者去上班时，到了理论上该出发才能按时到达的时刻，他总觉得自己还有时间在走前再做一件事。就像一个认为自己能够赢的强迫症运动员，他投入这件事当中，用这样一种幻觉来哄骗自己：如果一切顺利，加快速度，再加上点运气，他是不会迟到多久的。然而他往往会输掉这场赌局。但凡出现一个小岔子，不是迟到一小会儿，而是迟到非常久。

在我看来，“仍然还有时间”这一疯狂赌局有多方面原因。

首先，或多或少有对抗完美主义的意愿。因为他们知道，当时间紧迫时，他们必须做得快，无法专注于他们的缓慢、完美主义、检查、犹豫、挑剔倾向。于是他们花较少的时间来做相关事情，若不是因为要外出他们不会只花这点儿时间。其次，让他们尽可能晚出发的原因是——令人不安的失去感。按时出发时，如果一切顺利，有可能提前到达。在这样的情况下，要等待，且失去了一段本可以用来做其他事的珍贵时间。这种时间被浪费且补不回来的感觉，不可救药，也无法逆转，其失去感对于部分强迫症患者来说是可怕的。此外，除了责任的增加之外，一切不可逆转的失去（亲人去世、房子出售、失去工作……）都是触发强迫症的有力因素。

无论涉及什么，若你患有病态型迟到，请意识到这些病态的迟到对你是有害的。别再试图认为以你的个人能力可以补偿那些反复的迟到，这不过是自欺欺人的幻觉。请使用双重闹铃法。

准备两个闹钟。计算出你能够提前很早去赴约或工作所需的时间，即路上很不顺利时（地铁故障、大堵车……）所需的时间，而不是一切顺利时（地铁立刻到达，交通无比顺畅，偶然地、毫不费劲地就找到了距离很近的停车位）的时间。把这样算出来的出发时间设为2号闹铃的响铃时间。给1号闹铃设置比2号早5分钟的响铃时间。当1号闹铃响起，你必须立即停止你正在做的事（绝不可以“我做完吧，要不了多久了”或者

“我还有时间，我算得宽松”)。随后做好出发前的最后准备工作（拿上需要带的东西，穿上衣服，或其他）。当2号闹铃响起，你必须一分钟也不耽误地出发。如果你遵守，这个方法会帮助你变得守时，它会帮你避免掉那些麻烦、指责、争吵，甚至是辞退！

第二部分

更好地理解和认识疾病

第七章

强迫症之源

Aux origines du toc

因果性之概论

有一个非常普遍的观念，欲治病需寻其因。在医学当中，往往没有线性因果关系，而是多重的或概率的因果性。

线性因果关系是唯一的。它总是准确、总是可以复制：没有氧气，任何人都会死亡；没有心脏、没有肾脏、没有肝脏，没人能够活下去。相反，即使某一传染病的必要致病因素被识别出来——例如，因为流感病毒，保罗患上了重感冒，而与他共同生活的妻子却依然生龙活虎。流感病毒确实是患感冒的必要致病因素，但却不充分。从对空难的分析中可以看到，仅一项原因是不足以给出解释的（当然，除非机舱内有炸弹或导弹），而是存在一组原因，即便其中每个原因的可能性不大，但叠加在一起就导致了灾难（这其中仍存在意外性）。所以，因果性是多重的：某一设备故障，且它的备份也有故障（飞机上的所有东西都是双份的），探测系统出现运行障碍，飞行员处理问题失误……没有这一组原因，是不会发生事故的。最后，还存在基于风险因素的概率因果性：当人们闭着眼睛过街，有可能安然无恙地到达街对面，却增大了被碾轧的风险；有人可以一生都在抽烟而没有患上支气管癌，却大大提高了患上的风险。

在医学中，病因常常是多重的、有概率的。而且，知道病因往往也几乎不会给治疗带来改变。我们都知道长期酗酒、抽烟、糟糕的牙齿与口腔状态会增加患上食道癌的风险。一旦癌症存在，人们并不在意其原因，而是立刻采取必要的治疗手段，通常是外科手术。对于强迫症，自然也是同理。知道造成某一强迫症的那个或（更多是）那些原因仅有知识益处，哪怕我们不知道某人为何患上了强迫症，重要的是知道如何治疗他。

同样，也不可混淆病因和导致发病的因素。还未能够确切识别的基因因素，会使得某个人比人群中的其他人患上强迫症的概率更大，它构成一种病因。相反，导致发病的因素，是生活中那些激活了预先安装好的“强迫症软件”的事件。这些被鉴定为导致强迫症发作的因素有很多：责任增大——例如，新生儿降临或工作中得到晋升；失去——例如爱的人去世；被解雇——相关的生活事件。怀孕尤其构成一个众所周知的诱发因素。在一组由59位患有强迫症的母亲组成的小组中，有39位都是在怀孕的过程中出现了症状。所有的紧张情绪都可能导致强迫症发作。

即使通过绝大多数的案例可以发现，基因的作用毋庸置疑，但强迫症的病因至今仍是个谜。大量的遗传学研究[1]，神经解剖学研究[2]或神经药理学研究[3]，不停地让我们在认识上取得进步。如同我们在上文中读到的，强迫症的因果性无疑是多重的、有概率的。那可能是基因、系统发育[4]、教育、神经、生物[5]多重因素作用的结果。现在，我们来简述一下试图解释强迫症根源的几种途径和理论模式。

迷人的精神分析模式

在近来涉及精神药理学、生物精神病学或认知－行为方法的心理学得到发展之前，精神分析理论被奉为权威。而这些学科给理解和治疗强迫症所带来的新进展，加之精神分析法有

1 研究遗传与基因的科学，是生物学的一个子学科。医学遗传学研究的是遗传病的遗传性，即因病患的染色体异常而导致的疾病。

2 解剖学的分支，旨在描述神经系统。

3 研究药物对于神经系统的作用的科学，包括两个分支：（1）行为研究，探索对行为产生的效果；（2）分子研究，探索神经元与它们之间神经化学的相互作用。

4 探索物种的进化史。系统发育的分类是对生命体进行分类的系统，目的在于获知物种间的亲等关系，并去了解它们之间的进化史。

5 关系到研究有生命的物种及生命法则的所有学科。

效性的缺失，都逐渐让这一模式退了休。但无论如何，这一模式值得为人知晓。从经典的“鼠人”案例，弗洛伊德所构建的理论通过“一些忘却了的精神创伤之外，再出现的、转变后的非难，且与童年时代的某次性经历有关”解释了强迫思维的存在。强迫思维是一些为了获得自我平衡而产生的、更容易接受的替代性想法，它替代了那些没那么容易接受的想法。后者是一些性欲未被满足的念想，或不可容忍的攻击性幻想。纠缠的念头实际上是一种防御机制。弗洛伊德假定了两种诉求之间的冲突：本我[1]（冲动的世界）与超我[2]（精神世界里的警察）。这一冲突迫使自我进行妥协，这种妥协在强迫性神经症中表现为独立于情感源头之外的强迫思维和强迫行为。

于是，纠缠的念头以及一些强迫仪式对于自我的平衡而言是绝对必要的。打消它们，不受困于那些不可妥协的念头，亦不出现其他症状（所谓替代性症状），这一点让精神分析理论本身陷于危险境地。国际上有关该研究给出的数据显示，很多强迫症患者借助认知行为疗法和/或药物治疗都成功得到治愈。我30余载治疗强迫症的经验也验证了这一点，而且这些得到治愈的案例中也几乎看不到替代性症状。

---

1 精神分析领域中人的心理区分，对应到冲动的世界。

2 精神分析领域中人的心理区分，对应到内在化的约束、禁止。就好像是精神世界里的警察，用其道德准则对抗本我那冲动的世界。

无可争论的基因领域

人口研究学中涉及的基因领域显示出，在同一家庭成员中，强迫症的患病率曲线是一致的。然而，我们还是要防止一概而论，某些强迫症并非遗传来的。曾有针对双胞胎的研究——尤其是凯里（Carey）的研究——发现，同卵双胞胎（拥有完全相同的基因遗传型）的一致性达到87%，而在异卵双胞胎中，这一数据为47%。这意味着如果同卵双胞胎之一患上强迫症，那么他兄弟同样患病的概率为87%，而若是异卵双胞胎之一患有强迫症，他兄弟患病的概率仅仅为47%。基因外显率概念可以解释在真正的双胞胎当中，一位患病时另一位却不一定患病的原因——当某一疾病在每次遗传条件汇集时都发作的话，这一遗传病的外显率为100%。此外，似乎多组基因都与此相关。这一领域目前正在进行和即将进行的研究旨在推动我们认识的发展，同时也会开启新疗法的篇章。

动物行为学的贡献

动物行为学，是对动物在它们所处的自然环境中的行为的科学研究。强迫症患者的那些强迫仪式难免让人想起在动物身上观察到的行为。清洗强迫仪式与某些物种的梳洗行为有某种相似性。囤积、保存、收藏现象也令人联想到某些动物的储存行为。

在动物身上观察到的替代行为，构成了一种引人注意的强迫症模式。那涉及一些过分重复和/或与环境不相宜的表现。以狗舔皮肤病为例，动物突然终止它的行为（这可让人想起强迫症中的相同行为），转而去舔或不断轻咬（通常是）它四只爪子中的一只，或是它身体的另一部分，直至弄伤自己。处于紧张情形，是诱发因素。沉醉于替代行为（舔）这一事实，似乎降低了动物的情感压力，正如同强迫行为降低了人类的情感压力。如同强迫仪式的效果，动物完成替代行为后能到一种平和、放松的状态。5-羟色胺再摄取抑制剂能够改善或者治愈动物的替代行为，正如同它也能改善或治愈强迫症。

另外，某一物种的部分行为并非源自模仿，这一点已得到证实。这些行为具有以固定行为模式（*fixed action pattern*）发生的特点，且总是以相同方式再发生。如果一个动物开始了某种模式，它的动作会按照一个永不改变的顺序来完成，直到模式结束。研究员们对这些先天行为模式的神经解剖学基础很感兴趣。比如，一些松鼠猴在与它们的同类没有任何接触的情况下被养大。成年时，若把它们放到镜子或另一只松鼠猴面前，一种先天行为模式就会出现。这一行为模式可能是试图交配，也可能带有攻击性。它会这样发生：动物发出叫声，随后分开双腿，最后有勃起现象。通过损毁动物的苍白球[1]，可以分割这一

1 由内侧部和外侧部两个核团组成的中央灰核。

行为模式，或让其消失。中心灰质核团[1]似乎在某物种的典型先天重复行为的表达中，扮演着决定性角色，且构成了不同物种间共同的系统发育基底。

强迫症患者的功能神经影像[2]显示出，这与基底核有关。影像研究佐证了这样一些猜想：那些强迫性仪式（梳洗、确认无危险、囤积行为……）不过是古老物种身上古老行为的再现。那些行为对它们有着生存意义——梳洗能够保护这些物种免受可能的寄生虫或疾病侵扰；检查能够预防肉食类动物袭击；而囤积能够抵御饥饿。即使这些系统发育的猜想不能够说明强迫症的成因，但仍需指出，强迫症患者的先天行为模式与大脑这块区域的机能障碍有关。

认知－行为模式

行为理论

行为主义关注观察和测量，是基于学习理论和多种类型的条件反射发展起来的优秀的科学性学科。在强迫症中，行为理

1 脑部的解剖实体，包括纹状体（见“纹状体”）、内外侧部苍白球、黑质、丘脑下核及丘脑或视丘。

2 通过该技术能够看到大脑中，在某一时段内在工作的区域与处于休息状态的区域。这一技术能够让我们看到“正在运转的”大脑。

论假设，通过条件反射，避开强迫性的情景，或进行缓和强迫性不适感的强迫仪式，实际上却加重了强迫症。相反，直面强迫念头，哪怕它引发了不适也不做出强迫仪式，却能够带来适应现象：强迫念头带来的不适感越来越弱，然后消失；随后，强迫念头变少。

这一理论不考虑强迫症根源，而考虑它的保持及逐渐加重，从而帮助建立起一种非常有效的治疗方法，即预设了惯例化回应的情境疗法（见第十一章“强迫症的认知行为疗法：正与误”）。

认知理论

在强迫症患者身上，认知理论观察到处理信息时，是一种偏颇的、不正常的模式。基因因素、过早的学习、生活中的现象促使一些认知方式活跃起来，那是一些或多或少有意识的信念，打造出了我称之为“强迫症软件”的东西，继而以一种武断的、错误的方式处理信息。基于高估危险性、高估责任、完美主义、不容存疑、高估思维的重要性、高估信念在控制思维时的作用这些强迫症的认知方式，这一强迫症软件得以构建。面对一个作为活化剂的事件，强迫症软件将以一种偏颇的方式处理信息，并制造出一种错误的评估思维。对此种处理信息的非正常模式和对其源头的认知图式的鉴别，外加使用相应方法，便构成了强迫症认知疗法[1]。这一认知理论是对强迫症患者心理机能的描述，而不是对疾病原因的解释。

功能神经影像学的贡献

功能神经影像学给大脑和脑部疾病的研究带来了巨大进步。它让人们可以看到“正在工作”的大脑，同样还可以看到脑部最为活跃的区域、活动相对少的区域及正在休息的区域。强迫症患者与正常人脑部某些区域的机能有所不同，这些不同可在中心灰质核团和某些皮层区域观察到。当一位患者通过认知行为疗法和/或抗强迫药物得到治愈后，我们可以重新观察到，他的脑部机能正常了。

而有的论据在某些特殊情况下，可以支撑对于脑部神经机能障碍的猜想。首先，我们观察到，在某些情况下，强迫症与脑部非特定的损伤有关，无论是新生儿脑损伤、癫痫[2]或脑外伤[3]。然而我们还可以看到强迫症也会由情感上的紧张情绪引发，可把它视为继发的、附加的。尤其是当强迫症与一些神经

1 精神治疗方法，关注自动思维（认识力）、认知机理和认知图式，以便能够在思想招致痛苦时，调整思维方式。

2 神经疾病，患者易于发作，这是大脑一组神经元运行异常的结果。有的物质（酒精、部分药品）能够降低癫痫的发作门槛，从而导致癫痫发作。

3 某一事故过程中，脑颅受到震荡，而该震荡导致脑部受到损伤。

综合征相结合，使得纹状体和/或将纹状体与丘脑、前额皮层相连的神经通道发生功能紊乱，便构成了更加有力的论据。

图雷特氏综合征[1]以运动型和声音型抽动为特征，似乎与中心灰质核团的损害有关。患有该综合征的人往往患有强迫症，而他们的直系血亲患强迫症的概率亦高于常人。而在患有西登哈姆氏舞蹈病[2]的儿童身上，每两例中就能发现一例尾状核[3]特殊抗体和丘脑下部[4]特殊抗体的精神疾病，并往往伴随有强迫症。这与中心灰质核团的关联性再次受到质疑。

强迫症患者受牵连的脑部结构为：

- 大脑皮层：眶额皮层[5]，背外侧前额皮层及前扣带皮层。
- 大脑皮层下：基底神经节或中心灰质核团，包括：
  - 纹状体[6]（包括壳核，尾状核及伏隔核）；
  - 苍白球；
  - 黑质；
  - 丘脑下核。

---

1 与遗传基础有关的肌肉、声音痉挛疾病，往往伴随有强迫症或注意力无法集中，可能伴有多动症。

2 中央神经系统的传染病，通常在5~15岁之间发病，病因为溶血性链球菌感染，能够引发表现为动作异常的神经综合征。

3 脑部结构，构成新纹状体，见“纹状体”。

4 脑部区域，是间脑的组成部分，位于丘脑下方。

5 大脑皮层区域，位于眼眶上方，额叶的前内侧。它在做决定的过程中发挥着作用。这一部分与丘脑连接的前额皮层，作用于情绪及补偿系统，常被视为（大脑）边缘系统的构成部分。

6 纹状体是大脑的一种解剖实体，包括尾状核、透镜状核（包含外壳核和内苍白球）以及屏状核（或称屏状体）。尾状核和壳核构成新纹状体，苍白球则构成旧纹状体。然而，在说到新纹状体时，往往沿用纹状体这一术语。

未来的研究定会使我们在神经学的探索道路上走得更远。

非常有趣的神经行为学模式

安妮－埃莱娜·克莱尔（Anne-Hélène Clair）和樊尚·特里布（Vincent Trybou）发展出了十分有趣的解释强迫症的模式。他们假设一种“大脑区域的功能障碍，导致了某种生物上的制约，即对于奉行强迫仪式的某种机械的、化学的需求，并无特殊的外部原因”。这种生物制约，以需要通过强迫行为来掌握控制权的形式出现，将侵入念头转化为强迫思维，从而产生出焦虑以及大脑运行的正常回路与机能障碍回路之间的不协调。机能障碍导致了生物制约，从而成为疑虑的源头。这一模式将强迫行为视为强迫症的首要表现。它尤其考虑到那些较为罕见的强迫症，患有这类强迫症的病人感觉到必须要进行一些强迫仪式，仅仅为了缓解不适感，或者他并不知道原因的某种压力。相反，这一模式却没有考虑到不停受到侵入念头折磨，却不做出任何精神或行动上的强迫行为（见第六章“其他主题：无法归类的强迫症”第一部分，另见“引言”中宪兵的案例）的病人的情况，这类病人同样罕见。在这些病例中，我们可以从不愿再从早到晚都被令人不快的侵入念头纠缠的合理意愿中，看到掌握控制权的需求。尽管如此，这看起来还是有些

“牵强附会”，因为事实上，这一“意愿”不会通过某个精神或行为上的举动表现出来，而更像是一种被动的愿望。在经历很长一段时期的将强迫症解释为强迫思维优先于强迫行为的倾向后，这种将强迫行为放到优先于强迫思维的位置上的模式，是很有意思的。

第八章

究竟是不是强迫症：如何辨别

Toc ou pas toc: comment faire la différence

对通往强迫症源头的途径的探索刚刚开始。为了更好地理解这一疾病，还需要划清边界，学会识别与强迫症类似但并不是强迫症的疾病。

部分病人来咨询时，会以这样一种谨慎措辞来开始谈话：“我不知道这是否属于强迫症……”在本章中，我们考虑到了所有与强迫症有着或近或远相似性的情况，以便帮助你区分强迫症与非强迫症。

强迫思维与担心

我们都会在生活中的某个时刻有过重度担心，或是为某个关系到职业或情感生活的决定而焦虑。我们会不停地想这件事，忧虑围绕着我们，它纠缠不休的特点阻止我们去思考另一件事，或者让我们无法专心。这让人想到强迫思维，但它完全不是。担心（或操心）只是暂时的。它与我们的思维系统并不相悖。任何人处在相同的条件下，都会有同样的态度：在其他人看来，这一担心既非无理也不过分（与强迫思维不同）。倘若你有疑问，可询问你的亲人们是如何看待这一情况的，但不可隐瞒问题的实情。让我们回想一下，结婚前问问自己是否爱自己的伴侣是合理的，但三年来每天思考八小时就是强迫症了。

强迫思维与执念

就连我自己也会出于简便，错误地使用执念这个词去代替强迫思维。因为这一字眼没那么吓人，且在阅读时，比起关于强迫症的书籍，人们也会倾向于选择关于执念的。然而，如果两者都萦绕于我们脑际，那么有个本质的不同可以将它们区别开来。强迫思维总是不自主的、痛苦的、不快的，而执念则更多是愉快的。

某位演员只想着拿到某部作品的主角；某位收藏家热衷于想象自己能得到某件极罕见的收藏品，并策划着如何得到；某位小说作家只想着他的作品能够在某出版社出版。哪怕他们每一位的脑子里，都不停地被相同思维占据着，但没有任何一个人是强迫症患者。

癖好、习惯和强迫仪式

我们所有人都有一些小癖好或小习惯，而这并不意味着我们患有强迫症。某些小癖好、某种用手拨弄头发的方式、某个一如既往的坐姿、某个咬食指的习惯，往往构成了每个人的独特之处和魅力所在。

与癖好或习惯不同，强迫仪式则是折磨的近义词。它具有一种侵略性的强迫特点。令人丧失自由，且往往影响到职业和个人生活，与癖好或习惯全无可比性。

如若你有疑问，可以问问自己是否有换个做法的自由。

强迫症与强迫型人格

大约是受到曾经占上风的精神分析观念的影响，人们很长时间内都认为，被称为强迫性神经症的强迫症会出现在具有强迫型人格的人身上。流行病学[1]研究指出，这两者之间并无关联，也不存在特别的共病现象[2]，即强迫症与强迫型人格障碍之间没有明确的相关性。这一混淆观念被长期引用，导致人们将几种概念混为一谈。然而，应当明确区分以下几点：

1 对影响民众的健康与疾病的因素的研究。该学科探索病理状态的频率、分布及严重程度。
2 在同一位病人身上，同时存在着对应到多种障碍的多种症状。

- 稍微有点儿强迫特性；
- 患有强迫症（大量强迫症患者并没有强迫型人格，即使人们确实在强迫型人格的定义中看到了强迫症认知图式，尤其是完美主义的认识图式，且这些图式也同样存在于我谈到的强迫症软件中）；
- 患有强迫型人格障碍。

在美国《精神疾病诊断与统计手册》（第四版）与（第五版）（*DSM-IV*与*DSM-V*）当中，有一定数量的标准定义了强迫型人格。很多自称为稍微有点儿强迫特性的人符合部分标准，但能称为强迫型人格的必须符合四条或四条以上的标准。对于该人格的定义如下：

“为秩序、完美及精神和人际间的控制而焦心，不惜损害灵活性、开放性和高效性，在成年初期出现，也在不同背景下出现，要有如下表现中的至少四条：

“1. 操心细节、规则、清点、组织或计划，以至于无视行动的主要目的。

“2. 阻碍任务完成的完美主义（例如，由于个人太过严苛的要求未得到满足，而无法完成一个项目）。

“3. 因对工作过度的热忱，放弃了休闲和友谊的生产力（并非出于明显、迫切的经济需要）。

“4. 就道德、伦理、价值观方面的问题，过分尽责、审慎、严格（并不因为某种宗教或文化归属）。

“5. 无法弃置不能再用的或没有用途的物品，即使这是一些并无情感价值的物品。

“6. 对于委派任务或与他人共事表现得迟疑，除非其他人完全按照自己的方式来做事。

“7. 在金钱方面，对自己和他人都表现得吝啬；把金钱视为应当为了预防未来的灾难而积蓄之物。

“8. 表现得刻板且固执。”

抽搐与强迫症

抽搐是一块肌肉，或一组肌肉不自主的收缩现象，通常出现在面部或颈部。它是不自主的，可由紧张情形引发。但普通抽搐与图雷特氏综合征应被区别开来，图雷特氏综合征可让人严重丧失活动能力，并伴随有运动抽动和声音抽动（呼喊、清嗓子、吸鼻子……），包括语言模仿（重复对话人刚说过的话）、动作模仿（再次做出对话人刚做出的动作）和秽语症（说出粗俗的话语）。图雷特氏综合征的发生与某一块特殊的基因区域有关，并常常伴随强迫症。病人的近亲患强迫症的概率也往往高于常人。这一疾病的适用药物与强迫症不同，建议咨询精神科医生。可是，如果你患有抽搐或图雷特氏综合征，你可自己借助阿兹林（Azrin）的相反习惯方法（见第十四章“通过相反习惯方法来治疗拔毛癖”）来与之做斗争。

抽搐与强迫症之间存在着十分紧密的联系。我曾遇到过一位患有声音抽动症的病人，症状为呼喊。大家知道，紧张很容易引发抽动。事实上，在这位年轻的病人身上，呼喊几乎是具有强迫性质的，既不自主又难以控制。

他的呼喊行为只会在出现两幅侵入画面时发生：第一幅是他父亲正在看着一个不是自己妻子的年轻姑娘，犹如非常渴望地看着一块美味的蛋糕，就像特克斯·艾弗里（Tex Avery）动画里呈现的那般，眼睛都快飞出去了；第二幅是他的母亲在吸食大麻之后，处于一种有点儿不寻常的状态。这时，抽搐会与为了打消负面侵入画面的强迫行为以同样的方式出现。由于呼喊由侵入画面引发，它具有几乎不自主的特性，本不该被诊断为强迫症，但是这一诊断却得到了采纳。可以说这一症状处于抽搐与强迫症之间的边界地带。

强迫性观念与谵妄性观念

在某些情况下，难以一下就分辨出某些强迫性观念与某些谵妄性观念。

谵妄性观念是一种病人毫不怀疑的错误信念、一种坚定不移的确信，涉及一种感知行为。某位病人感到街上有人跟踪他；而另一位病人感到在他不在家的时候，有人潜入到他的公寓里挪动了他的物品。这些频发的谵妄性观念可以也应该通过药物来治疗，但与强迫症的用药有所不同，因而有必要咨询精神科医生。

然而，存在着病人既患有强迫症，又患有精神病的情况。

此外，领悟（insight）[1]，即对于自身障碍有意识的概念发生过变化。从前，人们以一种二元论的方式来看待此问题，认为病人要么批评自己的障碍，要么不批评。在强迫症当中，在完全批评强迫行为（“我清楚这样做很傻，但是我别无他法”）与坚信自己的举动有用（自我意识弱的强迫症）之间存在一个连续体。若同时伴随有精神疾病，那领悟的缺失可发展为谵妄性确信。

强迫观念与抑郁念头

传统抑郁症不同程度地伴随有睡眠障碍、食欲不振、对事物提不起兴趣、行动（难以做出动作）及精神（难以集中注意力、阅读、理解）迟缓、心情悲伤、有时会突然哭泣，甚至出现自杀念头。在这一背景下，一些纠缠的、强迫的念头会时

1 对精神现象有所意识或能够去感知的能力。

常出现，并会被看作强迫思维，因为它们是强加到病人意识里的，且伴随着一种不愉悦的情感状态出现。它们的主题涉及自我贬低的念头（“我一文不值”“我从没办好过什么事”……）或者无可救药（“人们对我已经无能为力了”），而且这些念头与患者的思维体系是一致的，这一点能够帮助我们做出诊断，并将它们和强迫观念区别开来。

拔毛癖

拔毛癖是一种拔除自己头发（有时是睫毛、眉毛、腿毛、阴毛）的行为。有时部分病人会吃拔下来的头发。这可能导致严重的毛团并发症（未被消化的头发形成的小球堆积在消化道里），进而导致闭塞症，需要采取外科措施。

若你患有拔毛癖，你可以借助阿兹林发明的方法来控制这一行为，该方法被称为相反习惯（habit reversal）[1]，可翻译为“相反习惯方法”（见第十四章“通过相反习惯方法来治疗拔毛癖”）。

1 行为疗法的一种方法，由内森·阿兹林提出。该方法在于发展出一项与我们所希望消除或控制的行为不兼容的活动。

对于躯体变形的恐惧或称身体畸形恐惧症[1]

患者过度关注自己臆想出来的某个体貌缺陷，就算是真实存在的缺陷，也是没有人会注意到的非常小的缺陷。基于这类念头，病人视自己为怪物，且往往最大限度地避免社交活动。这导致了病人的脱离社会化，有时是无法学习、工作。患者常常无法拥有情感生活。无法避免的人际关系往往令深信自己畸形的病人痛苦。尽管病人被不自主的、令自己不快的念头缠绕，且备受煎熬，但这并不是强迫症。

这一病症因其纠缠特性与强迫症近似，我也曾遇见过多例。部分患者认为可以通过整容手术得到拯救。外科医生应当对这一病症十分警惕。

我见过的一位病人曾做了八次双耳修补和剥离手术。另一位病人认为他的鼻子畸形，为此他咨询了一名外科医生，希望能结束这一使他受害的外貌畸形。熟悉此类问题的外科医生不认为有进行手术的必要，于是同病人进行了长时间的交谈，并在交谈过程中获悉该病人由我在治疗。外科医生联系到我，我坚定了他的看法，完全没有手术的必要，鼻子很完美。于是他告知病人他拒绝这个手术。不幸的是，一段时间后，病人再来看我时，情绪激动、流泪哭泣，为他的“新鼻子”而崩溃。那

---

1 针对一个想象出来的体貌缺陷，或一个真实存在但微小到没人会注意到的缺陷的无休止的忧虑。这一障碍会导致巨大的痛苦，往往难以拥有社交关系，并带来职业障碍。

是另一位不太了解这一病症的外科医生给他做的。病人去找他咨询时，很注意不提及精神疾病，并成功地说服他给自己手术。就如同这一病症中总是发生的情况一样，这位病人对手术结果一点儿也不满意，只想着再去重新做手术。

独腿的奥雷莉

我记得有一位迷人的女病人来找我咨询时，因为她的“外貌丑陋”而处于非常抑郁的状态。见到她时，我十分不解，看不出究竟哪里丑陋。一头秀发、大眼睛、灿烂的笑容、苗条的身材……问题出现在她的右小腿。腿部的畸形让她不堪，她从不穿短裙或游泳衣（不去游泳、不去海边）。尽管拥有众多的追求者，但她完全没有感情及性生活。因为她绝不可能透露她的畸形！

我一再坚持要看看有多恐怖，她终于同意把裤腿往上提。我什么也没看到，于是她把右腿放到一盏灯的灯光正下方，向我指出一块一毫米大的斑点。我实在难以看出，于是我拿来一个放大镜，然后确实看到了一个非常轻微的突起。我敢说，无论谁，若不借助放大镜来仔细观察，都是看不到这一斑点的。这一可笑的“畸形”糟踏了年轻的奥雷莉的生活。

让·蒂尼奥尔（Jean Tignol）曾在他的书《臆想出来的体貌缺陷》（*Les Défauts physiques imaginaires*，Odile Jacob，2006）中很好地

描写过这一让人严重丧失活动能力的障碍。就我而言，我曾见到过涉及鼻子、耳朵、皮肤（肤色、肤质）、体毛（我的一位病人坚信他的胡子长得畸形，大家看他的时候都只看着胡子）、头发种植、下巴等的种种忧虑。

这些坚信自己身患畸形的病人对此障碍的意识，即领悟力，往往是很弱的。他们感觉到，也看得到自己的畸形。但他们难以接受自己感觉不准，或者看得不真切。他们认为他们的亲人、医生在撒谎，是出于同情才说他们是正常的。关于这一话题，他们几乎是谵妄的——“清楚地看到自己是畸形的”。

就如同部分厌食症患者，明明过分纤瘦却认为自己肥胖。患身体畸形恐惧症的病人坚信自己身有畸形。

如果你认为自己身体某一部分畸形，而大家，尤其是爱你的亲人们出于怜悯向你保证那不是真的，请不要去做手术，而是去咨询精神科医生！

相反，有的强迫症则是针对臆想出来的配偶身上的体貌缺陷。我曾治疗过一位男病人，他无法直视他的妻子，她眼角的那些我认为挺迷人的小皱纹（鱼尾纹）纠缠着他，他因此想到了离婚。所幸的是，抗强迫药物治疗让这一强迫念头消失了。而另一位病人则没那么幸运，他的病情变得更糟。他的妻子外貌完美，而他仍旧为她的体重而纠结。他总是问她吃了什么，捏捏她的肉，让她注意。以至于在他的影响下，她变得厌食，体重骤降甚至出现了闭经现象。这很可能会发展为悲剧。

性偏离

性偏离是一种性行为障碍，被定义为性刺激只能在看到特定物体或身体某一部分时获得，除此之外没有其他（部分性偏离）。恋物癖也是一种性偏离。这种性行为障碍可伴随有强迫症，尤其是收藏需求，就如同我1994年出版的书《怪癖、恐惧与执念》（*Manies, peurs et idées fixes*）中描写过的案例：收集脚的人。

偷窃癖

若要说偷窃癖有时与强迫症相关联，是因为它被视为一种冲动控制障碍。偷窃癖被定义为：持续无能力抵抗偷窃物品的冲动。所盗窃物品既不为个人用途，也不为它们的商业价值。在偷盗前，患者会感受到一种不断增大的压力，而在偷盗时则是一种愉悦、满足或放松的感受。偷窃行为既不是为了发泄愤怒或实施报复，也不是出于谵妄性念头或幻觉。它不属于一种行为障碍、一段怪癖时期，或一种反社会的人格。

病态赌博

在《精神疾病诊断与统计手册》(*DSM*)的分类中，病态赌博被定义为：在非怪癖时期发生的不适宜的、持续的、重复的赌博行为，需有如下表现中的至少五条：

1. 为赌博而穷思竭虑（如反复回忆过去的赌博经验、展望即将进行的尝试、设法获得赌博资金）。

2. 需要投入数额不断增高的赌资，以达到渴望的兴奋状态。

3. 反复努力去控制、减少或停止赌博行为，但均无果。

4. 当尝试减少或者停止赌博时，会变得烦躁、易怒。

5. 赌博是为了逃避困难或减轻某种不愉快的心情（如无力感、罪恶感、焦虑感、抑郁感或厌倦感）。

6. 在输钱之后，常常择日再赌以图追回损失（为了“翻本”）。

7. 对家人、治疗师或其他人撒谎，以掩盖其嗜赌的真实程度。

8. 做出非法行为，如伪造、诈骗、偷窃或挪用资金以资助赌博。

9. 由于赌博，将一段重要的感情关系、一份工作、学习或职业生涯的可能性置于险境。

10. 依赖他人来获得资金或走出因赌博造成的令人绝望的经济困难。

病态赌博是冲动控制障碍的一种，然而却不是强迫症。

强迫性购物

此症状定义为：过分的、重复的购物；源自于个人、家庭及社会的较大影响。它与其他几种障碍之间有明显的共病性，例如，焦虑症、强迫症、情绪障碍、癖好及人格障碍。关于这一主题，阿代（Adès）和勒儒瓦耶（Lejoyeux）教授写过一本优秀的作品，名为《购物的狂热》（*La Fièvre des achats*）。在这本书中，读者可以找到克服这一障碍的中肯建议。这一障碍同样被归入到冲动控制障碍当中。

咬甲癖

这是一种在总是焦虑不安的人群中十分普遍的行为，表现为：吃、啃或拔掉自己的指甲。它并非某种特定障碍。在一些人身上，咬甲癖只是暂时的。我有一个开发商朋友，为做一个大型房地产项目，向银行借了巨额资金，而他的指甲很快就为此付出了代价。

在某些人中，咬甲癖是长期的。如果你属于这种情况，可使用针对拔毛癖而描写的相反习惯方法（见第十四章“通过相反习惯方法来治疗拔毛癖”）。如若失败，请咨询专业人士。

强迫性搔抓

强迫性搔抓，又称为强迫性表皮擦伤障碍或捻皮癖。表现为不自禁抠挤痤疮，或者皮肤上其他臆想出来的，又或是真实的瑕疵。强迫性表皮擦伤障碍自成一种疾病实体。尽管这并不属于强迫症，然而其中往往存在追求完美的强迫性成分。这种强迫性搔抓造成的结果常常是严重的，因为解药比痛苦本身更糟糕。脸部，有时是腿部，常常布满血迹斑斑的创口以及疤痕，均是这一毁坏性的自主外科行为的后果。有时是触感（感觉到不平整），有时是镜子里的视觉引发了不适宜的行为。相反习惯方法的适应症中也包括这一障碍，若你受此困扰，请阅读关于拔毛癖的章节（见第十四章“通过相反习惯方法来治疗拔毛癖”），并针对你的搔抓来应用该方法。

强迫症还是恐惧症

强迫症与特殊恐惧症、旷野恐惧症、社交恐惧症之间存在着紧密的联系与共病性。有时，病人会同时得到两种诊断，疾病的描述与分类界限是模糊的。

疾病恐惧

在本书的第一部分（见第三章中的“感染强迫症”），我们看到了艾滋病强迫症，其他恐惧感染强迫症或传播疾病的强迫症，不论这些疾病是否具有传染性。当某个人受困于患病的恐惧，做出强迫行为时（如采取别人不会采取的预防措施，不停地触摸自己的身体以求找出畸形，不停纠缠医生以求安心，由于强迫疑虑又多次给医生打电话……），便可诊断为强迫症。而倘若仅涉及对于患病的恐惧，并未做出任何强迫行为，我们则称之为疾病恐惧症。

如若哪怕检查结果良好，病人仍旧坚信自己染上了疾病，则称之为疑病症。

恐惧呕吐或/和呕吐恐惧症

处于强迫症与恐惧症边界的这些疾病中，恐惧呕吐是一种典型症状。有的病人无论在哪里都害怕呕吐，独自在家时，或处于公共场所时。地点及其他人的出现对他们的恐惧并无影响。他们所惧怕的就是呕吐现象本身而非其他。这就涉及一种特殊的呕吐恐惧症。

有的病人在自己独处时绝不会有呕吐恐惧，仅仅当他人在场时才有。因为他们认为在他人面前呕吐是件丢脸的事，并因此惧怕。在此种情况下，这属于一种特殊的社交恐惧症。

而另外一些人对于呕吐的恐惧只会在难以，或不便摆脱的情景下才会出现，无论是当他们独处或有其他人在场时。这就可能涉及另一种类型的广场恐惧症。

最后，在其他情况下，则属于强迫症。

吐了，你说吐了

当我第一次见到阿代拉伊德时，她的女朋友陪着她，也是她女朋友促使她来问诊的。阿代拉伊德无法去到那些她可能会听到或见到人呕吐的地方。如果某人说出“吐了”“呕吐”或其他与此有着或近或远关联的词语，她就会生气。最终，她每天花上好几个小时来进行重复性的强迫仪式（重做刚刚做过的动作，因为她在做这个动作时想到“吐了”这个字眼）。强迫症使她无法做很多事：“如果你发短信，你会吐”“如果你穿某件衣服，你会吐”“如果你看某部你很想看的电影，你会吐”，等等。我所采取的疗法在于，让她在我的诊所里，在做动作的同时不停地说“吐了”“呕吐”，并不允许重做动作，收效甚好。很快，阿代拉伊德又能够像从前一样做所有的事情了：阅读、写作、打电话、穿衣服等等。她对于呕吐仍有一定的恐惧，但不再做出强迫仪式来避免它了。

相反，我见过一种强迫症，强迫行为表现为让自己呕吐。这是一种为了避免不幸而做出的强迫仪式。那并不是饮食紊乱造成的，而是一种迷信强迫症。那是一位女病人，每当她有负面想法时，就必须让自己呕吐以避免不幸。这种仪式性的行为若长期持续，可引发严重后果。确实，在部分例外情况下，重复地努力呕吐会引发食道断裂，需要进行紧急外科手术。

纠缠不休的对于渴望排尿的恐惧

纠缠不休的对于渴望排尿的恐惧往往是一种社交恐惧症，此时所惧怕的是在他人面前排尿所产生的羞愧感。在某些情况下，若患者恐惧排尿带来的羞愧感，且又必须与他人接触时，患者会做出不正常的预防措施。那么，可能同时得出社交恐惧症和强迫症两种诊断。有的人在出发前可以在洗手间花掉大量时间，以确认自己不想小便，或者尽可能不喝水。我记得一位年轻的女大学生，她决不乘坐没有配备厕所的汽车旅行。在上学期间，每节课间她都必须要让自己排尿。她的性生活一团糟，由于慌张地恐惧会尿到自己伴侣身上而无法放松。

在其他情况下，惧怕渴望排尿可能仅是“害怕睡不着”强迫症的一种变体。

提防起夜

安妮－索菲有三个孩子，其中一位患过强迫症，现已康复。安妮－索菲的强迫症较轻，不足以让她无法生活。那是一种迷信强迫症。例如，她无法佩戴某些珠宝，因为担心她佩戴它们时就无法与别人愉快相处。事实上，最令人不快的强迫症出现在要上床睡觉时。每晚她都必须上很多次厕所，长时间地一再努力，以确定她的膀胱已被清空。这样反复如厕的举动可以花掉40分钟。她之所以这样做，是惧怕半夜醒来，那简直是灾难。安妮－索菲深信只要入睡前没有确保膀胱完全清空的话，她就冒着被尿憋醒的风险。她难以冒这个醒来的险，尽管她清楚，长期下来，她的这些日常强迫仪式会给泌尿系统造成有害后果。

恐惧腹泻

如同恐惧尿湿自己一样，恐惧腹泻，而且拉到裤子上，也是一种社交恐惧症。同理，在出发去赴约前，在厕所里花费几个小时来使劲，以确保确实没有待排出粪便，如若做出此类不正常预防行为，则属于强迫症。如进行清洗、人工清空直肠壶腹、减少饮食或服用致便秘药品等一切举动均源于这种恐惧。

恐惧脸红

尽管恐惧脸红也具有纠缠性质，它却被归入“社交恐惧症”（见下文“社交恐惧症”）。

恐惧出汗

对于出汗的恐惧也同样被归入到“社交恐惧症”当中。

恐惧颤抖

对于颤抖的恐惧被归入到“社交恐惧症”当中。它可导致无法在人前书写，有时是无法当众饮水或吃饭。

恐惧自己散发出不悦气味

对于自己散发出不悦气味的恐惧同样也被归入到“社交恐惧症”当中。

社交恐惧症

在《精神疾病诊断与统计手册》(第四版)(*DSM-IV*)当中，社交恐惧症被定义为：某种“对于一种或多种社交情形，或当需要与不熟悉的人接触，或置身于可能被他人仔细观察的情境中时，产生的持续的、强烈的恐惧。病人害怕自己的行为方式令自己窘迫或羞愧（或害怕表现出焦虑症状)”。我们可以谈论一种“广泛的”社交恐惧症，它涉及大部分社交情形；也可以阐述一些“特殊的”社交恐惧症，它们仅限于一两种特定情形。

我们看到在社交恐惧症中最重要的是对于他人目光和评价的恐惧。正是出于这一原因，如同恐惧在他人面前脸红、出汗、发抖、说话结巴、声音可笑、无法自控、不知该说什么、散发难闻气味、呕吐、腹泻或排尿等，所有这些强迫观念－恐惧都属于社交恐惧症。而如果患有此症的人做出不正常的预防举措，或进行神奇的强迫仪式“以使它不会发生”，那么就可能得出强迫症这一附加诊断。

旷野恐惧症

即使旷野恐惧症有时会与强迫症相结合，但它并不是强迫症。如同对于强迫症一样，我们认为，在绝大多数情况下，旷野恐惧症也存在基因上的易致病性。旷野恐惧症患者惧怕并避免那些难以或不便摆脱的情境，或是那些当他感到不适时无法获得救援的情境。在那些被惧怕和/或被回避的情境中，我们可以看到：远离自己的住所、公共交通（火车、地铁、公交或飞机）、独自驾驶机动车辆、难以或不便离席的会议或聚餐、地下室、电梯、隧道、桥梁、剧场（尤其是坐在一排的中间时）、高速路、环城大道、堵车、高处、坐式或厢式缆车、架空索道、人群、大型商场、排队、空旷空间、穿越宽阔街道或广场、从底部看着高楼、提到银河系的广袤无垠……

往往，旷野恐惧症始于下列情形中的一种——例如，地铁在两站之间停了下来。患者有时会体验到恐慌袭来的感觉（一阵强烈的恐惧或不适，伴随有生理症状）。这些生理症状绝不危险，但却会让患者担心。因为惧怕再次体验这种恐慌，他开始回避这种情景——例如，不再搭乘地铁。这种回避反而会加重病情，迟早会有新的恐慌在另一种旷野恐惧症的情境中袭来。渐渐地，患者会回避更多的情形。部分患者无法再独自外出；有的患者哪怕在有人陪伴的情况下，能做的事情也十分有限。所幸如同对于强迫症一样，认知行为疗法和某些药物同样能够改善、治愈大多数患者。

有时，是由于惧怕出现恐慌生理症状，而导致去回避那些情形。这些以不同方式结合的症状包括：心动过速（心脏跳动很快）、出汗、发抖或肌肉抖动、呼吸困难（觉得窒息、感觉缺氧）、胸口疼痛或闷胀、恶心或腹部不适、头晕眼花、心神不宁、有昏厥感、丧失现实感（感觉不真实）、人格解体（感觉同自己分离开来）、害怕死亡、害怕失控或发疯、感觉异常（有麻痹或针刺感）、阵热或寒战。

在某些迷信强迫症当中，所畏惧的情况，正是出现恐慌生理症状。

别恐慌

夏尔停止工作了。他无法面对那些在家里，尤其是在单位时，他感到必须要进行的强迫仪式。他在一家大银行里处理行政文件，可以花上几个小时反复检查某些看上去稍微有点儿逻辑的事物（电脑已经关机、桌面上没留下正在处理的文件、电话已转接到同事的分机上），但此外还有其他一些费解的事物（日历一定要翻到当天日期，橡皮一定要排成一线、某一面朝上地放在第一个抽屉里，电话线要直、不可互相缠绕，订书机要精准地放在第二个抽屉深处左边的位置……）。夏尔必须要做所有这些事，因为他感到如果不做，焦虑感会强烈到令他无法睡觉，更糟的是他的恐慌情绪会发作起来。

某日，他在位于其居住街区的一家书籍文具店购买了一件商品，需要一到两个小时后才会到货，他打算稍后来取。离开商店时他对书商说道：“一会儿见。”在此期间，他要去他姐姐家，姐姐邀请他留下吃晚饭。他同意了，但感到自己必须乘地铁一个来回穿越整个巴黎回到书店，仅仅因为他说过："一会儿见。"否则，他的恐慌情绪必发作无疑。

通过药物治疗配合认知行为疗法，夏尔能够兼职工作了。然而由于惧怕恐慌发作，他仍旧无法任凭他工位上的电脑整个周末都处于电源接通状态。尽管他承认他的大部分同事都那样做，且并未造成任何严重后果。

特殊恐惧症

特殊恐惧症是一种没有对象的恐惧（即没有客观原因，或原因中仅包含了极其微小的危险）。患有此症的病人会回避相关情境，或当他不回避的时候，会立刻出现严重的焦虑反应，可表现为恐慌发作。这里并不涉及那些难以或不便摆脱的情景，也非感到不适时无法得到救援的情形（这一点归入旷野恐惧症的范畴），也不涉及社交情形（这一点归入到社交恐惧症）。

最常见的例子是飞机恐惧症（惧怕遇到空难，而非被困在飞机上无法逃脱）、驾驶机动车恐惧症、不伤人的动物恐惧症（猫、狗、啮齿动物、不伤人的蛇、昆虫……），抽血或所有与疾病或医院相关联的事物。

针对特殊恐惧症，在认知行为疗法中使用系统脱敏法（去除心理影响），循序渐进地让病人处于所惧怕情形之中并重建认知，往往是有效的。

我曾经治疗过一例特别的特殊恐惧症：跳伞恐惧症，这并不常见。这一案例让我尤为感兴趣，因为在从事跳伞运动过程中，恐惧感是合理的。任何动物都不会跳进空处，这种恐惧是物种基因里与生俱来的。

跳伞恐惧症

保罗刚在一位精神科医生同仁那里治好了抑郁状态，便被送到我这里来治疗恐惧症。他已不再抑郁，并停止了抗抑郁症的治疗。他渴望重新开始跳伞运动，这是他所热爱的事。保罗学习成绩平平，在一家保险公司做着一份仅为糊口的工作。相反，他在跳伞运动方面颇具天赋。过去，他参加过国际赛事。他的整个人生围绕着跳伞展开。他还因此邂逅了他的妻子。和她在一起，他很幸福。他们所有的朋友也都进行跳伞运动。周末，他培训跳伞学员。跳伞运动成了他的一部分，于是他因为这一恐惧症而变得抑郁就很好理解了。

大约一年前，保罗遭遇了我们所说的——起决定作用的初发体验。在一次跳伞过程中出现降落伞不能正常打开的情况。借此机会我得知，在这种典型情况下，需要进行一个叫作“释放”的操作，目的在于，在降落过程中设法脱离自己的主伞，然后打开固定在腹部的备用伞。然而备用伞也没能及时打开，或者说开迟了——否则，保罗也不会成为我的病人了。

这短短的几秒在他看来持续了很久很久，在这个过程中，恐慌侵袭了保罗，这也容易理解。随后恐惧症便生了根。他无法再观看他过去在跳伞过程中拍下的画面。清楚自己不应该跳伞后，他甚至不能去飞机场。

保罗很勇敢且饱含治疗意愿。既然已经走出了抑郁症，他想要重新开始跳伞，找回从前的生活。多亏了系统脱敏法，训练他放松，然后在松弛的状态下想象与其恐惧症相关的情境。他又能重新去想象那些画面了。

这些病理的或非病理的表现可能会与强迫混为一谈，有时也与强迫症组合出现。在粗略地浏览完它们之后，你现在一定可以辨认出强迫症，并能将其与伪强迫症区别开了吧。

第九章

关于强迫症的侵入感受或感觉

À propos des sensations ou impressions intrusives tocquiennes

即使现在你能够辨认出强迫症，但仍然存在一些情况，在这些情况下，强迫思维、侵入的或令人不快的现象会以一种不那么常见亦不太为人所知的形式出现，即感受或感觉。

强迫思维范畴的扩大化

在美国关于强迫症研究的分类中，对于强迫思维的定义参照了思想、精神画面、不自主且令人不快的冲动。在我看来，加入不自主且令人不快的“感受”或“感觉”这两个术语会更加适宜。这些侵入现象具有不自主且令人不快的特征，这对于强迫思维概念而言，是根本的。它们有时伴有一种强迫念头或者由一种强迫念头支撑，但并非总是如此。我们往往能看到这一感受或感觉被病人过分严重地解读了。

我们之前看到（见第三章中的“注射器恐惧症”），在治疗前，娜塔莎每走两步就会感觉到注射器的针刺感，于是我们得出以下逻辑顺序：

侵入的、不自主的且令人不快的身体感受：　我感受到了针刺感。

↓

评价性想法：　我可能被感染了，血清将会呈阳性。

↓

不适感：　焦虑。

↓

强迫行为：　我要返回去，寻找那根扎了我的注射器。

而在尼古拉的案例中（见第二章中的“对于地狱的恐惧”），在街头或别处，他感觉到一种走在电缆上的侵入性身体感受，我们得出以下顺序：

侵入的、不自主的且令人不快的身体感受： 我感觉鞋子下面踩到了电缆。

评价性想法： 如果我的鞋底卡着一块玻璃，我可能给电缆剥了皮，那么有人会因我而触电。

不适感： 犯了罪的焦虑感。

强迫行为： 我要返回去确认没有这样一根电缆。

“搞砸了”的感觉

入座的正确方式

我曾跟踪过一位病人，由于他的强迫症，他不得不停止了职业生活。障碍出现在三种类型的动作上：穿衣、放置一件物品及入座。

在开始治疗之前，每当这位病人需要做出这些动作中的一个时，他就会如同小狗在猎物前停下来一般刹住车，如同一名高水平的运动员在向前冲之前先全神贯注地定住。

他说想要“自然地”、平静地、不焦虑地入座、放置物品或穿衣服。多亏了他的前任治疗师，他已取得进步，“没那么焦虑了”。然而他还是无法独自穿衣服。他入座时的神色用奇怪二字都不足以形容。在要做出动作前他犹豫片刻，前后摆动着身躯，就如同一位准备要从高处跳下的全神贯注的体操运动员一般。随后很突然地，他跳到了椅子上。事实上，他希望通过这种方式回避那种觉得自己“没坐好”的不愉快的强迫性侵入感觉。有时，他会起身重新开始，为了悲壮地追求“坐得好”。就如同你很容易想象到的那样，并没有入座的所谓“正确方式”或“错误方式”。他与认同他的前任治疗师一起完成了喜人的工作——当他集中精神的时候，能够获得“很好地坐下了”的感受。起初，我们有一些冲突，因为他的目标与我的不同。我知道为了取得真正的进步，他必须要努力做恰好相反的事。他必须成功做到即便有“没坐好”的感觉也能坚持不起身重新坐下。我让他练习迟缓，即不可猛进、不可全神贯注，学会分心来帮助他接受“没坐好”。

在放置物品这件事情上，也要完成同样的工作。在治疗初期，要将他的医保卡或支票簿放到我的办公桌上时，他先把物品举到与肩同高的位置，随后停住不动等待着好时机，然后用一个让人联想起因患有神经疾病而行动异常的病人般的动作，突然地将东西扔到了我的桌面上。一如往常，在治疗强迫症的过程中，能够起到疗效的是置身于所惧怕的情境中而不进行强迫仪式、不做出强迫行为。因此，需要让该病人处于“没放置好”的感觉中：他不可以触碰物品以“消除”“没放好”的感觉，也不可以重做一遍动作。显然，这样做会让病人感觉到不适、不舒服。这甚至是治疗顺利进行、病人正在进步的表现。所幸，病人感受到的不适会随时间减弱。如果重复这种操作，不舒服的感觉会越来越弱。“没放好”这一侵入感觉的出现频率最后会越来越低。这正是在这位病人身上正在发生的事，他勇敢地让自己置身于这种不愉快的不适感当中。多亏了这一点，他的情况日渐好转。

在来找我治疗前，这名男子无法独自穿衣服，必须求助于他的妻子。我们在我的诊所里进行训练。他必须脱掉他外套、衬衣、长裤、鞋子或袜子中的一件。在他重新穿上时，我推他，我发出噪声以便让他无法集中精神，目的在于给他制造“衣服没穿好”的感觉。我斗争着，不让他把它脱下，然后再以“强迫症的方式”重新穿上。

目前，这位病人可以在合理的时间内独自穿衣服了。即使目前他距离治愈仍有很长的路要走，可跟踪他的其他医生已经注意到了他取得的重大进步。

感觉“还不到做这事的时候”

这些强迫性侵入感觉可能以另一种形式出现，我就曾多次遇到这种情况。病人感到还未到做出这个或那个举动的时机。总体而言，这种类型的强迫症属于迷信强迫症的范畴。

有耐性的高尔夫球手

职业高尔夫选手约翰就是这种情况。他没有在打美巡赛（美国职业高尔夫球甲级巡回赛），而是在打韦伯网巡回赛（乙级联赛）。他有一个法国女友，每次只要条件允许，他就来巴黎。这些不教授高尔夫只参加比赛的高尔夫球员需要常常训练，到练球场击球、进行轻击球、研究角度、练习出沙坑等等。每次当他去高尔夫球场训练，还不到去球场的好时机之感就会突然侵袭过来，感到如果他坚持要去，训练效果会很差。他可以待在车上四小时，等待着感觉到了那个正确的时刻才开始训练。

这一强迫症并非独立存在：很遗憾，在比赛过程中，他又被迷信强迫症缠绕了。当他离开果岭前往下一段发球区时，他的脑海中就会出现一个侵入念头："如果你不退回去查看你经过时注意到的小枯枝，你会输掉你的第一击。"他无法阻止自己返回去，有时甚至多次返回。他因打得过慢而积累了多次处罚，不得不放弃比赛。

我曾在一些大学生身上多次观察到"还没到好时机"这一强迫性侵入念头。想象一下一位医学专业的学生，正在参加住院实习医生考试。他有一种侵入感觉，觉得还不到开始填写答卷的好时机。如果他在结束前五分钟开始答题的话，无论如何都得不到好结果。当然，对这一强迫症就像对其他强迫症一样得采取相反主张：高尔夫球员应该走出他的汽车，哪怕有效果会不好的焦虑感觉也要去训练；而那位大学生，哪怕有“如果现在开始答题就会考不过”的可怕感觉，也要开始答题。必须要总是去反抗疾病下达的命令，哪怕再焦虑也不能让步或任其操纵。

感觉“失去自动性”或“意识不自主且令人不快”

这种类型的强迫症表现为对自然现象存在持续的、不快的知觉，而非强迫症患者是不会去思考这些自然现象的。这种知觉可体现为眨眼睛、呼吸、吞咽或身体某一部分不自主的、持续的、不适的感觉，这种身体感觉可以表现为简单的不适感、紧张，甚至是疼痛。有人称之为身体的强迫思维。这一类强迫症可能仅是“害怕总是想到……”强迫症的一种变化。

穷思竭虑感

保罗－阿兰就是大家说的早熟（资优儿童）的那一类。初中四年级时，他就已经在学习高等数学了。我见到他时，他正在备战名校的考试。大概是竞争的压力激活了强迫症软件。“失去自动性”是我看到他身上的第一种强迫症。

除了呼吸丧失自动性（持续地、沉重地意识到自己的呼吸活动）之外，他还有一种不自主且不快的感觉，觉得自己在两个领域丧失了即时创造性。从很年幼起，他就很喜欢创造数学难题。从前，他觉得创造过程轻松且直觉准确；而他现在却有一种枯竭又费劲的感觉。在下象棋时，他也有相同感觉，要知道长时间以来他一直有着高超的水平。在他看来，这一依靠直觉又显示技艺的游戏变成了沉重的、必需的、痛苦的、不和谐的组合计算；一种沉重的分析与思考的感觉取代了自然、自如的感受。

显然，这些强迫感觉是一些强迫思维。经历过的人能够很好地应付过去。它们是令人不快的、不自主且反复的。一般而言，这一类型的强迫症中不存在强迫行为。针对“侵入感觉”来使用认知行为疗法的目的在于：不去在意这种感觉。为了达到这一目的，新的思维阻断法的使用可以起到作用（见第十一章中的“新思维阻断疗法或称分散焦点策略”）。抗强迫药物治疗也可帮助治愈这一类强迫症。

胃里的不适感

凯文是仓库管理员。他不太自信，且胃病严重。为数众多的医生给他做过所有检查，其中包括胃镜：一切正常。

一切正常，但凯文很难受。胃部的疼痛感或者说胃部的一种纠缠意识感挥之不去。他同时还受困于一个非常具有强迫特性的侵入疑问：“我会永远有这一感觉吗？”

他的治疗效果显著。5-羟色胺再摄取抑制剂的使用配合上放松训练，让胃部的强迫念头消失了。随后的主张自我[1]训练，尤其是配合一些赞扬及表达情感的练习，让他有生以来第一次成功地拥有了一个女朋友，然后是第二个，等等。他结婚了。所需治疗也大大减少。

他曾有过几种检查强迫症，均微不足道。后来的一件小事，引起了其身体强迫思维的轻微复发。在几个月的时间内增加了药物治疗，使得这一复发得到控制。

渴望小便的感觉

阿德里安患有让他严重丧失活动能力的强迫症，这导致他大学学业失败。在通过高中毕业会考后，他投入到他并不感兴趣的学习中，随后放弃了。他来找我咨询时，他注册到某学院去学习物理。

他陷入可怕的强迫仪式之中。在开始学习前，他的公寓必须完美地收拾过，卫生要打扫过，书桌要井然有序；应该在那儿出现的东西必须严格地对称放置。他的学习全无效率，更像是一个负责抄写的僧人在一字字地誊抄一本很厚的物理课本。比起学到精髓，他宁愿要一份完美的、没有划痕的笔记。

从本科二年级起，学业上的落后逐渐积累下来。阿德里安在有待完成的成堆作业前沮丧又抑郁，于是将功课推到最后，躺在床上，由

1 展现出真实的自己的能力，既不掩饰自己的缺点，也不隐藏自己的优点，不用畏惧他人的评价而改变自己的行为。

于焦虑而动弹不得。这一拖拉的性格进一步加重了已经累积下来的落后。很遗憾，他无论如何是不可能在严格的规范下学习了。

而他的父母在这个时候离了婚。

尽管他的次序、清洗、家务和完美强迫症的程度已经不轻，但他认为最令他不快的是必须每一两个小时就小便一次，无论白天还是夜晚。此外他还坚信，这一现象与强迫症没有任何关系。他曾找过三位泌尿科医生、一位糖尿病专家和一位家庭医生看过病。在网上搜寻这一他自称多尿症的原因时，他甚至自掏腰包，在没有医疗处方的情况下，让人给他进行了昂贵的抗利尿激素[1]定量测定，大概是在试图确认他自己做出的尿崩症诊断。

在阿德里安身上，事情是按如下模式发生的：

强迫思维：　侵入的身体感受。

不适感：　不舒服的感受。

强迫行为：　排尿。

1　能够让肾重新吸收水分的激素。当该激素缺乏时，水分不能够被重新吸收，导致患者大量排尿。

我把这一模式作为一种工作猜想来向他解释，并要求他在一个本子上记录下夜间和白天的每一次排尿。尽管阿德里安承认自己有多种强迫症，但却始终坚信他“膀胱的问题”并非“心理”问题。我要求他在小便后的三小时内，哪怕排尿的渴望再迫切也不能去，他并未执行。

阿德里安最终放弃了他的学业，在一个卖快餐（糕点、三明治等）的小店找到了工作。在他精心负责的这个店里，只有他独自工作。他的洁癖捉弄着他，小店晚上7点打烊，而直到晚上11点，他还在擦洗、清洁所有物品。这家快餐店肯定可以夺得“法国最干净餐馆”这一奖牌。

然而，他工作地点的厕所位于一个院子里。去洗手间时，阿德里安需要关掉小店，走到街上，穿过一道门廊最后走到厕所处。由于几乎总是有顾客，当阿德里安感到渴望排尿时也只能强行忍着，稍后再去，他必须先服务客人。一个月后，排尿的渴望减弱了。

多亏了这一工作，阿德里安接受了强制的行为疗法。被迫放弃强迫行为（此处为小便），不能够排尿的不适感（此处为膀胱的不适感）减轻了，且强迫思维（此处为渴望排尿的侵入感受）也变少了。

很多患有泌尿科医生称为“应激性膀胱综合征”的病人有时也患有强迫症，认知行为疗法可以帮助到他们。

感觉一切都是必须的

吃饭时必须张开嘴

同样在“意识不自主且令人不快”这一记载里，我的一位病人的症状是，我们的每一个行为都具有必须性。这一令人不快的感觉简直难以忍受：走路时必须要一只脚前一只脚后；感到冷时一定要起身去关窗户；外出时一定要穿衣服；看比赛时一定要看着电视屏幕。

我第一次见他时，他正在两个均不合适的相反态度之间摇摆。一种是回避态度，表现为躺在床上一动不动、什么也不做。另一种是偏执的相反态度：天热时，大家都穿T恤出门，而他穿一件羊毛套衫；天冷还下雪时，他却穿T恤出门；去看拉马涅尔医生时，他应该在拉内拉格地铁站下车，他偏要在雅斯曼站下。

我们可能会认为这一态度是正确的，因为它看似与强迫性指令相反。但在他的例子中，不是要做出某个举动时，逻辑上的必要性制造了不适感；而是“对我们大部分行为的必须性，进行情感上难以忍受的解读”制造了这种不适。于是，即便“所有举动都具有必须性的感觉”让人不舒服，治疗方法仍为：要置身于这种情景中，去制造一种适应性。此外，举动的必须性常常是真实的——要买回面包就得先从家里走出去，去到面包店……我们在谈论病理机制的过程中进行了细致的分析，并很快意识到正是置身于这种“必须性感觉”之中，而不是想尽办法避免，才是能够帮助他的方法。他正越来越勇敢地置身到这种情景之中，且已经取得一些进步，即使他还远未痊愈。

“感知变了”或“感知不对称”的感觉

这类强迫症涉及这样一种强迫感觉：看到的和从前不同，听到的和从前不同，甚至以一种更加奇怪的方式认为，感知到的世界也与从前不同了。这种感觉具有强迫特性：它是不自主且令人不快的。我从前见过一位音乐学家，他感到不能像以前那样听到音乐了。另一位女病人则有一种痛苦的感觉：认为她对他人的感知发生了变化——抗强迫药物治疗让这一现象消失了。

我也见到过多个“感觉不对称”的例子。有一位男病人是声音工程师，高质量的听力是其工作的基本要求，而他的听力质量使他不得安宁。有人突然发出声响或者在他的右边发出叫声，他就会觉得右侧听力下降了，因为受到了较大强度的噪声危害。他会因此持续多日被这样一种感觉缠绕：认为自己右侧没有左侧听得清楚了。于是他进行检查，一会儿堵住左耳，用右耳听，一会儿又交换过来。这些检查只会维持，甚至加重听力感知的不对称感。另一位病人有过斜视的侵入感觉。他同样做出一些检查举动，而这样做只会加重这一现象。

侵入的性感受

同样地，在“同性恋”“乱伦”“恋童癖”“恋动物癖”型强迫症中，我常常观察到一些不自主且令人不快的身体性感受。那是一些侵入性的强迫现象，却被病人错误解读为：证实了他的担心。

乱伦感受

A女士患有典型的过度清洁强迫症。任何人进入她家都要脱鞋。当然这是理论上的，因为她会尽最大可能避免让人进入她的住所。

第三次怀孕时，如同常见的情况那般（妊娠被公认为是强迫症发作的一个诱因，大概是由于它激活了责任感图式），A女士开始排斥她的另外两个孩子。他们不可以再拥抱、亲吻她或爱抚她。她禁止他们这样做。这并不是因为她不喜欢她的孩子们，她很爱他们。但是只要他们其中一个与她有身体接触，她就会感受到一种体内的性刺激，伴随有黏液分泌。她把这些侵入的性感受解读为评价性想法，这表明了她是一个可怕的人，恋童且乱伦。

在这种情况下，侵入的、不自主且令人不快的强迫现象以一种身体感受的形式出现。这种感受无疑是强迫症软件的产物。而这一强迫症软件同时还造成了对这种侵入感受障碍的病态的评价：这一感受证明了我是一个恋童又乱伦的怪物，一位糟糕又危险的母亲。这一评价符合由斯坦利·拉赫曼阐释的，在强迫症患者身上出现的侵入想法中，三条错误评价中的两条。事实上，对于这位精神病专家而言，构成了主要问题的不是侵入现象，而是病人对此做出的评价：“如果我有这样的想法，是因为我疯了、我是坏人、我很危险……”对于A女士，有这样的侵入性感受意味着她很坏且危险。

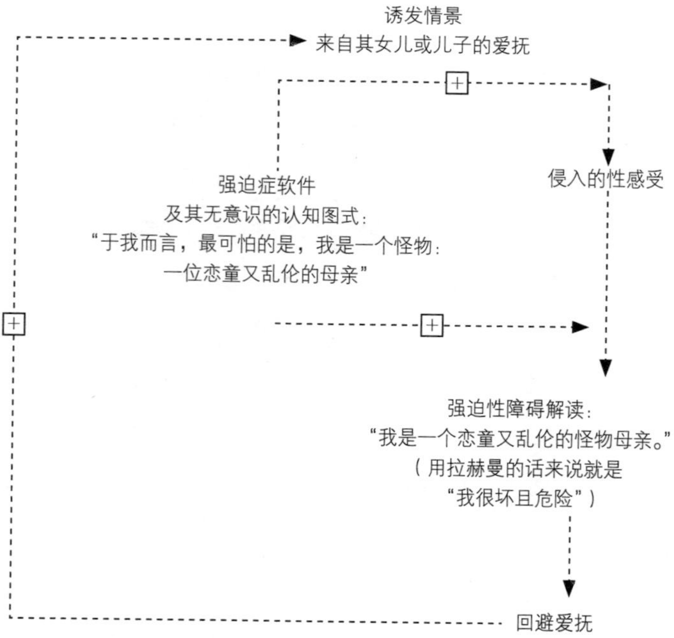

强迫症既导致了侵入的性感受，又导致了对这一感受的错误解读

所有这些侵入性感受或感觉，与道德强迫症的攻击性强迫思维相近似：感到希望不幸降临（死亡、癌症或其他……），感到自己会做出可怕的行为，甚至是自己渴望做出这样的行为(强迫性疑虑)。

这些侵入性感受或感觉所具有的不自主的、令人不快的、反复的特性让我将它们归入强迫思维。这便让我远离了《精神疾病诊断与统计手册》（*DSM*）中所写的严格定义。

其他一些不悦的侵入性感官印象也被归入到这一组当中。

感觉身处梦境、身处虚拟世界或世界变了

似乎难以以一种可靠的方式向你证明，在你阅读这本书的此刻，你没有在做梦。有可能是在梦中，你正在阅读它。显然，如果这一想法突然出现在你的意识里，它立刻会被常理驱散，你会很快想到：“我有一些怪诞的想法……”而相反，在某些患有强迫症、不容存疑的病人那里，无法300%地确定自己并非身处梦境，是件恐怖的事。

生活好像是真的

我的一位病人曾处于抑郁状态。他想：“这样活着有什么意义？”

有一天，他回家时听到他的一个孩子说出了一个他以前从没在这个孩子口中听到过的句子。他立刻感到这个儿子是假的，只不过跟他的真儿子一模一样（模仿得天衣无缝）。一些让他困惑的小细节、他妻子的某些动作、一件在他看来与从前不同的物品，都会让其焦虑地觉得自己处在一个虚拟世界中。有人给他换掉了原本的家庭，安排了一个完美模仿的家庭。我们或许想到："这就是一个陷入了主题明确的谵妄症的病人。"病人并不谵妄，而是疑虑无处不在；这实则是一种强迫症，疑虑存在于经历过的现实当中。

"世界变了"这一类型的强迫感觉可最低限度地、以零星的方式存在。我目前正在治疗的一位病人便是这种情况。当他去到某个地方时，偶尔会出现侵入感觉，觉得五分钟前的场景与现在并不完全一致。这种令人焦虑的感觉滋养了他的主要强迫症之一："惧怕自己患有精神分裂症"。

"惧怕自己患有精神分裂症"这一强迫症常常表现为：听到一些声音的强迫感觉。部分此强迫症患者可以待在安静环境中长达好几个小时，以确认自己没有听到声音。这种行为被视为精神上的强迫行为，是应当避免的。

当人们不懂得那其实是一种强迫症时，那些希望亲人或其他人遭遇不幸或死亡的侵入感觉是吓人并让人产生罪恶感的。患上此强迫症的人确实感到自己有这样的愿望，觉得自己是凶恶残忍之人。然而事实上，这种感觉与这一愿望全然不相符。渴望做出可怕之事的侵入感觉（用刀砍他人、发生恋童癖行为或者其他）应当与这些“侵入愿望”相对照。前者与后者性质相同，并使不知晓其强迫本质的患者陷入同样的慌乱不安之中。

第十章

关于强迫性怀疑

À propos du doute obsessionnel

要理解强迫症，应当像我们刚才做的那样，超越对于强迫的严格定义，而去深入了解“强迫”现象；同时也在于，努力去理解渗透到强迫观念中的怀疑。

1875年，亨利·勒格朗·杜索尔（Henri Legrand du Saulle）写了一本名为《疯狂的怀疑（伴随触觉谵妄症）》[*La Folie du doute* (*avec délire du toucher*)] 的著作。他当时就已经对当今我们称为强迫症的障碍产生兴趣。在此，我想就我们在强迫症中经常观察到的这种病态怀疑的机制，谈一谈我的看法。一些病人来看我时说道：“请您改善我的记忆力吧，医生。我可以返回去六次检查我的门是否关好了。刚下到楼下，我又忘了。必须再次上楼。”

某些作者谈到了强迫症病人身上的视觉空间记忆障碍。部分研究提出记忆缺陷理论，然而对结果的解读仍有待讨论。就我个人而言，我不认为记忆能够选择性恶化。在我看来，怀疑现象才是问题所在，而非记忆、视觉或是听觉的损坏。

以一位具有强迫症天性的病人为例，出于某些原因，他认为一直开着某盏灯是非常严重的。这也可能正是你的情况。原因之一可以是，错误地担心“灯泡过热”“可能发生短路”“进而引发火灾”（明显高估危险性）。另一个原因，有随着时间蔓延的趋势，即浪费能源对于地球来说是有害的，于是认为任凭一盏灯一直亮着是十分严重的，且是犯罪的（过分估计责任）。还会因为，由于这一忽视导致的花费（尽管是微不足道的）是令人担忧的，浪费金钱是不好的（对于责任的过分估计）……

原因究竟是什么并不重要，对于这位病人，关键在于灯不能一直开着。于是他关了灯，让自己处于黑暗之中。强迫症软件，伴随其夸大危险和责任的认知图式，产生出一种侵入观念：“或许是你看不清，或许你并不处于黑暗之中，或许你已经开着灯了。”于是病人打开灯为了重新关上。通过这一例子，我们清楚地看到，此处的怀疑并不关乎记忆障碍，而是关乎对于确定性的追求，某一类完美主义。怀疑仅在因为病人想象着让灯泡保持通电很严重时出现。这是一种选择性怀疑：这位病人不会怀疑自己是否系了鞋带——如果于他而言，这个举动并不重要。

有位病人害怕自己会用刀砍人，于是避免所有与此类物品的接触。还会拿着手里的笔问他的配偶：“你确定？这不是一把刀吗？”手里拿着刀是一件如此让人担忧的事，以至于恐惧抹杀了所有常识，使得病人怀疑自己的视觉感知……然而他完全不需要去看眼科医生：这是一种病态的怀疑，并非视觉障碍。

有位病人会向他的妻子提出一些强迫性问题。例如，对于他来说，听到妻子亲口说“他是真的爱她”“他不是同性恋”是十分重要的。于是他做出强迫行为，问他的妻子：“你确定我不是同性恋，且我是真的爱你吗？”她回答他说：“当然了，我已经告诉过你了。”由于听到回复非常重要，强迫症软件便制造出侵入想法：“或许你没有听清楚答案。”于是需要重新提问，以求确定。这同样是一种病态怀疑，而非听觉障碍——无须去做听力敏度图……

有位病人害怕忘了关闭车灯，每天可以重返停车场三四次以进行检查。这是一种病态怀疑而非记忆障碍——无须进行认知功能检查……再者，对于不在其强迫性恐惧范畴内的事物，这位病人的“记忆力完全正常”。

更为有趣的是，“元认知评估体系的神经生物功能紊乱”这一猜想。元认知评估是一个人评估自己身体活动的能力。我们都遇到过想不起来某位演员的名字的情况，尽管他参演了我们十分熟悉的某部电影。我们想不起来那个名字，但是我们清楚自己知道它。清楚自己知道它这一事实，是一种“对于自己认知的认知”，即我们所说的元认知。强迫性怀疑属于元认知过程的一种紊乱。

在强迫症中，“不容存疑”是能够被辨识出的认知图式之一。在某些病人身上，这是首要图式，就如同我们在“需要记得”或“渴望知道”强迫症中看到的那样。病人需要与这些带来功能障碍的图式做斗争，且当我们的认知中存在这样一个图式时，需要付出所有的努力才能做到相反的事。于是，有待达到的目标是：享有身处疑虑之中的自由，而不是尽管当神经生物功能紊乱，让人感觉无法确定时，仍渴望百分百地确定。哪怕你“机能出现障碍”的大脑（强迫性大脑）给你发出不确定信息，并因此给你带来不适感，你也要尽你所有的努力不去核查。

如果在你的“强迫症软件”里，“完美主义图式”很活跃，这种不确定性会让你感到，那是一个伴随空虚感的不完美现象、无法容忍的思维无秩序、匮乏、畸形（这一畸形损害到了本应完美控制的所有行为、思想带来的病态清静感受）。尽管有这种不完美、不完整、未完成的感觉，你仍应该与你的“完美主义图式”做斗争，调动你的能量去阻止自己核查。

海啸的责任人

阿芒迪娜是画家，给别人上绘画课。她患有一种严重的强迫症，害怕自己导致他人死亡。我第一次见到她时，她无法独自上街，因为害怕自己在无意识的情况下给小汽车的轮胎放了气，而车主开着充气不足、轮胎可能会爆裂的车，有可能因事故而死亡。

认知行为疗法的目的在于，让她去批判那样的想法：我们可以在意识不到的情况下，做出不想做的事情；然后要让她走到街上，让她独自一人越来越长时间地待在汽车旁边，目的在于，让她能够重新独自出行。多亏了我们的几场治疗，她的强迫症逐渐好转随后彻底消失了。

可是几年后，阿芒迪娜再来找我时已经崩溃了。她认为自己要对致数千人死亡的海啸负责。您一定会问，一位艺术家怎么可能引发了一场海啸？这很简单，阿芒迪娜解释道："我有可能在街上发现了一枚炸弹。"确实，这个可能性很大：我们中的每一个人都在经常走的路上，时不时就发现一枚某位粗心大意的恐怖分子忘在大街上的炸弹！

"可能在无意识的情况下，我把这枚炸弹装到了一艘船上。"为数不少的船舶会行驶到公海，到塞纳河畔等待着一位艺术家将重达好几百万吨的炸弹装到船上。

"有可能，在海洋中央，我把炸弹投到了一个断层里，于是引发了海啸。"

尽管说辞的荒谬程度让我们认为那是一种谵妄症，但它事实上并不是谵妄症，而是一种强迫症。我们清楚地看到，在这位女病人身上，要对他人的死亡负责的恐惧驱散了全部常理，对显而易见的事视而不见，强迫性怀疑让那些荒谬且不可能的事件变得"可能"。此处的怀疑，只不过是阿芒迪娜害怕应当对他人的死亡负责的强迫性惊恐的结果。

到这里，我们可以说你到达了这样一个阶段：认识强迫症、了解它可能出现的形式及其运行方式。无论是你还是你的亲友患有此症，今后你都知晓有待击败的敌人是谁了。在本书的第三部分，你将学习如何展开战斗。

第三部分

打败强迫症

第十一章

强迫症的认知行为疗法：正与误

La thérapie comportementale et cognitive du toc:
la vraie et la fausse

行为疗法

在强迫症的治疗中，行为疗法是根本方法，尤其是预设了惯例化回应的情境疗法（EPR）。

1966年，迈耶（Mayer）和马克斯（Marks）在伦敦莫兹利医院第一次向大众阐释，通过帮助患者忘记习惯性行为，可以治愈疾病。费城一位名叫埃德娜·福阿（Edna Foa）的精神科医生在研读了20世纪80年代国际上的著作之后，她阐述道："运用预设了惯例化回应的情境疗法（EPR）之后，90%的病人进行强迫仪式的时间减少了至少30%，而51%的病人得到了显著改善，甚至治愈。"可见，这是可以应用的方法。

绝大多数的强迫症患者都强烈批判自己那些强迫仪式的效用性："我很清楚我这样做十分愚蠢，但我就是控制不了自己。”这类病人便是预设了惯例化回应的情境疗法（EPR）的理想目标群体。

相反，其他人试图向你证明，他们做出的强迫行为才是正确的——哪怕“有一点儿过度了”——你最好也像他们那这样去做。这便是自我意识弱的强迫症。针对这些病人，有必要实施认知疗法。但我们需要清楚地认识到，使用认知疗法只不过是让病人步入行为疗法的一种途径，而行为疗法是不可绕过的。因为，只有当患者与产生出渴望强迫行为的源头做斗争，并且不再做出强迫行为时，他们的强迫症才能够被治愈。

强迫行为之于不适感有何作用?

强迫行为能在第一时间短暂地缓解不适感（鉴于此，强迫行为被定义为：精神或行动上自主的但具有必须性的行为，用来缓解不适感或者避免某种灾难）。它有着立竿见影的效果，这就是为什么强迫症病人会越来越频繁地做出强迫行为，但也正因此加重了强迫倾向。事实已经证明，越是做出强迫行为，就越会感到需要那样做。我常常给我的患者提到这样一个画面：一个毒瘾发作的吸毒分子给自己注射了一点儿海洛因，随即平静下来，他感觉好多了，但注射海洛因绝不是治疗毒瘾的方法。同理，进行强迫仪式也不是治疗强迫症的方法。

如果一位刚刚置身于情境中的患者克制住自己不做出强迫行为，他必然感受到不适。这种不适感会持续一段时间，随后逐渐减弱。这样多次重复地置身于相同情境中，能令不适程度逐渐减轻，而不适感的持续时间也逐渐缩短。随后，适应现象产生，置身于情境之中，也不再导致任何不适感，或者不适感已微不足道、转瞬即逝。

评估、教育及治疗动员阶段

当一位患者来问诊时，首先要确定他是不是强迫症患者，同时要探寻有无其他伴随障碍，那会让治疗变得更加复杂，还要询问清楚所有前期治疗情况。参照本书的索引，你可以获知你是否真的患有强迫症。

一旦得以确诊，你现在应该能够为自己的不同强迫症写出如下分析："我的情况是，在这种情景下，我的强迫思维是……我的强迫行为是……"

在应用认知行为疗法的过程中，治疗师与他的患者之间应当建立起一种合作关系，旨在达到共同目标——治愈。

治疗师要提供很多关于该疾病的信息，让病人阅读关于强迫症的书籍。目标在于把病人培养成"一位强迫症专家"。本书亦追寻这一目标，肩负着治疗使命。

你应该能够清楚、明确地回答以下所有问题：

• 强迫思维（侵入现象）会在何种事件或情境下被激发？

• 它们是怎么样的？

• 侵入念头出现时你会对自己说什么（评价性想法[1]）？

• 此时会伴随何种情绪（给你感受到的不适感定性）？

• 你会做出精神或行动上的强迫行为吗？会做什么？

• 若不做出强迫行为，在你看来会发生什么？

• 你是否尝试过不做出强迫行为？若是，发生了什么？

• 你是否会回避那些迫使你直面强迫症的情景？例如哪些情景？

你可以在工作日和休息日的某一天中，自己给这些强迫症做一个记录。

每当你做出强迫行为或回避举动时，你需要记录引发此情况的情景、所出现的不自主的且令人不快的侵入现象（强迫思维）、由此引发的不适感及由此导致的强迫行为或回避举动。

你可以通过结识使用认知行为疗法后，战胜或消除了强迫行为的治愈患者，来树立接受该治疗的积极性。如AFTOC（法国强迫症病友协会）一类的病患协会可以在这一点上发挥重大作用。我就经常让一位正处于评估、教育和治疗动员阶段的病人，去认识一位患有相似强迫症的病人。后者会分享其成功的

---

1 就某种情形，在一定时间内处理信息后的想法。它可能是对以下几方面因素进行解读后的结果：侵入念头的出现（如果我产生了这样的想法，这意味着……）、侵入念头的内容（如果我有这样的想法，这意味着……）、情形、在该情形下该采取的行为、这一行为引发的后果。

治疗经验。当病人观察到痊愈是可能的，这必定会提高他的积极性。

在我看来，这些信息及动机的所有要素都是重要的。应用认知行为疗法，尤其是预设了惯例化回应的情境疗法（EPR），定会给你带来不适感。这种不适感甚至是你正确应用EPR方法的标志。为了能够忍受它，你必须要知道自己所做的事情很有意义，并坚持这样做，你会日渐好转。

如果你患有强迫症，并希望在针对你的障碍的理解和治疗上取得进步的话，我建议你针对你的每一种强迫症，根据示例来填写以下表格：

	示例	你的情况
如果有诱发你强迫症的情景，请描述	我跟我的女朋友在一起，感到很无聊	
强迫思维：我脑海中出现的想法（不自主的）	感到无聊意味着我不爱她	
评价性想法：关于强迫思维、情景、该采取的行为或可能出现的结果，你是如何考虑的	我哀求她原谅我的不忠，而如果我并不爱她，那就太可怕了，那我就是一个卑鄙的坏蛋	
情感结果：怎样的不适感	焦虑、不适	
强迫行为：我感到必须要做或想的事“为了让我感觉好一些”（自主的）	我认真地注视一位不相识的女孩，以确认我没有被她吸引	
所惧怕的结果：如果我不做出此强迫行为，会发生什么	我会一直处在怀疑当中，一直保持这种焦虑状态很可怕	

为你的每一种强迫症做这项工作。

最后找出你因强迫症而回避的所有情景，把它们列成一张清单。

例如：

•避免让某人进入到我家里，因为会弄脏；

•避免我自己去关门，因为我需要检查太多遍：我让我的丈夫去关；

•避免去墓地，因为我有太多迷信的侵入念头；

•等等。

选择长期目标

通过使用本书的索引，或使用强迫思维－强迫行为清单，或你自己的记录表，现在你可以制定与你的强迫症做斗争的长期目标了。选择目标时的指导思想为，一旦达成，你的日常生活将会得到显著改善。

鉴于此，你的注意力应当集中在出现频率高的强迫症上。记录下这些目标，哪怕目前看起来，它们完全在你的能力范围之外。请你仿照如下例子来写（使用相同表达法）。

我以娜塔莎的长期目标为例（见第三章中的“注射器恐惧症”），即使目前那在我看来是无法想象且绝对不可能的，我还是想要有一天重获以下自由：

1. 能够重新乘坐交通工具，不回避任何公共场所，包括昏暗的夜总会。

2. 在公共洗衣店清洗衣物时不把它们仔细分类。

3. 不丢弃我认为被污染了的物品，且不放弃使用它们。

现在将你的目标按照从最容易实现，到最难以实现的顺序排列出来。

对于娜塔莎而言，顺序如下：

• 重新乘坐交通工具；

• 什么也不扔；

• 清洗衣物。

在朝着你的具体治疗计划前进前，你需要先了解一下预设了惯例化回应的情境疗法的应用。

应用预设了惯例化回应的情境疗法

西尔维B.在一所学校里做着一份行政工作。她离婚了，独自一人生活。她的大儿子离家出走了。她患有针对肮脏的强迫症。她并不是只惧怕细菌或者疾病。她不喜欢的是“脏”。她概念里的脏涉及灰尘、厕所和油脂，包括游泳在内的很多活动都是她无法参与的。她无法在更衣室里脱衣服再换上泳衣，也无法把她的衣物放在更衣室里。尽管她住在六楼且没有电梯，但每次她扔完垃圾，都必须重新上楼洗手才能够出发去工作。在经过评估、教育和动员阶段后，我们开始了预设回应的情境行为治疗法。我用手掌摸了我的鞋底，然后向她提议握我的手。“不行，太恶心了！”随后我用这只“被肮脏污染了的”手掌触摸了我办公桌上的一张白纸。我提议让她也用手掌摸这张纸。“不，您摸过您的鞋底，那很脏。”我要求她仔细地看着那张白纸：它脏吗？

▶ 不脏，但您摸过它。

▶ 如果您没看到我摸它，您会摸它吗？

▶ 会。

▶ 难道您不想努努力，用指尖去触摸它？您还记得您上次见过的Z女士吧。在接受治疗之前，她跟您一样惧怕肮脏。她也正是通过这些练习得到了治愈。

西尔维B.的脸上掠过因恶心引发的苦笑，然后她用手指尖触摸了白纸。

▶ 在0到10之间，您感觉到的肮脏程度为几？——0代表完全不觉得脏，10代表您从未感受过的脏。

西尔维B.的回答是3。我们继续着治疗，一段时间之后，西尔维B.承认她感受到的肮脏感降低到可承受范围以内了，她只打出1分。渐渐地，一场又一场治疗之后，西尔维B.可以用手掌触摸那张白纸了。后来她可以跟我握手，再后来可以用指尖触摸她的鞋底，然后甚至可以用整个手掌来触摸了。这之后，我们借助我吸尘器袋子里的灰尘来治疗，我把这些灰尘存放在一个小木盒里。西尔维B.起初只能用指尖触摸灰尘，后来就能够握在手里。几场治疗之后，灰尘已经不会再让她痛苦了。于是我们换成了我马桶刷的底座。当然，提议病人去做的事，我总会自己先做一遍，并需要根据病人的适应节奏来调整步调。有的人进步很快，有的人要慢一些。我们需要有耐性。

渐渐地，西尔维B.重获自由，她的生活大大改善了。她可以去游泳了，也不再需要在扔完垃圾后，爬回六楼洗手，而是可以直接去工作了。

我常常需要面对的一个异议是："拉马涅尔医生，正常人也不会去摸他们的鞋底，或者马桶刷的底座。"我会回答说："确实，当我空闲的时候，我并不会花时间去触摸我的鞋底，也不会把马桶刷底座当玩具，但是我享有那样去做却不感到难受的自由，并且不会火速冲去洗手。"

在我看来，应用认知行为疗法治疗强迫症的治疗师们，不能够仅仅满足于坐在自己的扶手椅上，这一点很重要。在手边备上艾滋病患者的个人物品、一张带有血迹的纸巾、一支注射器、存放在盒子里的灰尘、灭鼠药等物件，这些并不是什么难事。同自己的病人一起坐在地板上，去垃圾间触摸垃圾桶，同一位害怕被吸毒分子丢弃的注射器扎到的病人到附近公园的草地上走走，陪同一位病人去自动柜员机取款，并阻止他待在那里一刻钟以检查自己有没有丢东西，等等，都不困难。

构建你的练习等级

如果你像西尔维B.一样想要战胜你的强迫症，那么你要给你的每一个长期目标，按照由易到难的顺序建立一张情景清单，样例如下：

1. 从外面回来后不洗手，用指尖去触摸搁物架上的某个小摆件，之后不能擦拭它。

2. 从外面回来后不洗手，将搁物架上的小摆件整个握在手里，然后在不擦拭它的情况下将它放回去。

3. 在不洗手的情况下触摸一个开关，然后不能揩拭它也不能放弃使用它。

4. 穿着在外面穿着的衣服坐到椅子上，然后不能擦拭椅子也不能放弃使用它。

5. 随意坐在任何座位上。

6. 穿着在外面穿着的衣服躺到叠好的床铺上，之后不可以进行任何强迫仪式。

7. 在家里接待某人长达一小时，之后不能进行任何清扫。

8. 邀请某人到家里吃晚餐，之后不能清洁任何地方，包括其使用过的卫生间，并要继续正常地使用它。

9. 在相同条件下邀请两个人。

10. 在家里招待五六个人，随后不做出任何强迫仪式。

11. 在家里接待30个人，过后不可把整个家大扫除一遍。

即使目前在你看来，这些情景都是完全不可想象的，你也必须要去做。你可以想象你的某位亲人或朋友为了达到这一长期目标会如何去做，这会对你有所帮助。

开始应用EPR疗法

现在，先由引发最微弱不适感的练习开始（你等级清单上的第一项）！要敢于开展练习！去战斗吧！你会感到不适是很正常的，并且这种不适感会随着时间减弱。通过每日完成这一作业，通过一次次的重复，所感受到的不悦情绪将会越来越弱，而其所持续的时间也会逐渐缩短。然后你就可以进入到下一个稍微难一些的作业了，并以此类推。

通过这样的实践，后续作业的难度亦在递减。请想象一摞垒得非常高的盘子。最上面的那个在你看来绝对是够不着的。你每一次抽掉一个底部的盘子，实际上最上面那个也降低了相应的高度。慢慢地，你会发现那个最高处的盘子日渐触手可及。正是通过应用EPR疗法，按照你等级清单上的作业一步步前进，起初在你看来无法想象的长期目标渐渐变得可以设想、随即变得可能，然后变得完全可以实现。你给出的难度评估值也将会逐渐降低。

使用双重束缚疗法

在某些情况下，尽管确实有做到的意愿，你仍可能会未成功地完成练习。然而正如我们看到的那样，将这些练习付诸实践才能改善或治好强迫症。在应用该方法进行治疗的过程中，我遇到过一些仅会在家里做出强迫仪式的病人。如果他们住得很远，我是不可能上门去进行预设了惯例化回应的情境治疗的。其他一些病人也并不缺乏坚定的决心，但就是无法在家进行练习。这类病人很难治疗，尤其是在没有任何亲人或朋友能够作为帮手（治疗助手）介入的情况下。

这些病人当中，某些有着“高估思维的重要性”这一认知图式，其中包括了这样一种神奇思维：“如果我想到某事或把它写了下来，那会让这件事情真的发生。”于是，我想到利用一些承诺来帮助病人开展练习。一定要注意病人在强迫症之外是否还有其他伴随障碍，因为承诺的运用是一件很微妙的事，它有可能造成焦虑。

几年前，我曾就这一方法在巴黎认知行为疗法年会上做过报告，题为：“用于治疗强迫症的预设回应情境疗法之改善方法。”这些笔头承诺采用以下格式：“本人，下属签名×先生，保证坚定、严格地遵守2014年3月14日的抗强迫练习。一旦发生我不遵守这一庄严承诺的情况，我担保我希望拉马涅尔医生以及所有我爱的人在未来的几个月内惨死。”

感谢这一方法，那些此前无法进行练习的病人逐渐成功地开始练习了，也因此治好了强迫症。

当你无法进行练习的时候，你可以像这些病人一样使用这个方法。但要注意，有时你无法进行某项练习，是因为它在现阶段对于你来说太难了。所以，在借助这个方法之前，你需要先重新审视一下自己的等级清单。

你可能会在某个时刻，遭遇精神强迫行为的问题。现在你知道那涉及一些自主的但具有必须特性的精神行为，是你感到一定要那样做的事。

针对精神强迫行为的EPR疗法

很长时间以来，大家都为不能针对精神强迫症患者来使用预设了惯例化回应的情境疗法而感到遗憾。确实，我们可以跟随一位害怕丢失物品的病人走到街上，频繁地给他口袋里的物品换位置，且阻止他返回去查看。我们可以让类似西尔维B.这样的病人触摸她的鞋底（见“应用预设了惯例化回应的情境疗法”），并阻止她洗手。我们还可以在要求一位迷信强迫症的患者做动作的同时，提到某个负面想法，并阻止他重做动作。但，要去阻止某人产生一个想法似乎很困难。例如，波士顿的盖尔·斯戴克提（Gail Stequetee）等的一些作者建议用不限容量的磁带录下那些强迫思维，即“产生强迫行为的因素”，并把它们放给病人听。事实上，这个方法我在20年前就使用过，但不起任何作用。病人要么就像听连祷一般漫不经心地听着这些强迫思维，并不置身其中；要么在倾听的同时做出打消性强迫行为（中和性想法）（见“学会定位和区分你的念头”）。

我寻思过如何绕过这一障碍，然后想到了和病人一起编写能引发强迫行为的文章，然后他们需要在我面前大声、快速朗读这些文章。朗读是一个复杂的行为：需要辨认词语、正确发音。试图大声、快速朗读一篇文章，同时还要想着其他词语，这是不可能的！大声快速地朗读引发强迫行为的文章这一行为，事实上实现了预设回应：病人不可能做出精神强迫行为。可以说，朗读是一项与精神强迫行为不兼容的活动。

多亏了这一方法，很多精神强迫症患者都得到了治愈。

通过EPR疗法治疗归属宗教强迫症主题的精神强迫行为

让是规矩的天主教徒。他患有宗教强迫症，被一些亵渎宗教的念头、画面萦绕着，并为此自觉有罪。为了打消这些想法并“求得原谅”（关于打消性或中和性想法，见“学会定位和区分你的念头”），他需要做出精神强迫行为，例如，约翰·保罗二世正在给他进行口交的画面出现在他脑子里。这一画面造成了一种不适，表现为充满负罪感的焦虑。如果他什么也不做，他会觉得自己是“同意”口交的。于是“为了感觉好一些”，他需要做出精神上的强迫行为（自主的但具有必须性并能安抚情绪的精神行为），也被称为打消性或中和性想法[1]，做法就是在精神上把教皇的头替换为一位色情女星的头。这一自主性精神行为同洗手或检查有着相同的特性：这是一种强迫行为。正如我们现在懂

1 自主的且具有必须性的想法，目的在于缓解由侵入念头引发的不适感，是一种精神上的强迫行为。

得的那样，强迫行为会加重症状。所以，这一自主的中和性画面是有待打败的。

最初的解释、教育阶段使得让大大松了一口气。他之前认为自己被魔鬼缠身了或变坏了。得知这是一种宗教强迫症之后，他的良知得到了解放。他前来咨询，希望不要再出现这些画面或想法。这难道不是证明了他并不想要它们，他对此不负有责任吗？上帝难道不好吗？他难道会不知道强迫症吗？他会因为某人并不想拥有的念头而惩罚他吗？他难道不懂得治疗强迫症的方法在于，置身于所惧怕的情境中而不做出强迫行为吗？他当然懂得。

尽管如此，让还是难以接受大声朗读亵渎宗教的文章这一想法，虽然他清楚这是他的治疗中不可绕过的一步；但最终他下定了决心。亵渎宗教的念头和画面出现得越来越少，最后完全消失了。

应用EPR疗法治疗宗教强迫症引发的精神及行动上的强迫行为

埃莱娜L.的迷信强迫症涉及他的儿子弗朗索瓦之死。为了他的儿子不这样死去，她会进行很多强迫仪式，均为精神上的强迫行为。其中包括，为了避免这悲痛的不幸，她感到自己必须在脑海里重复上千次“让娜·卡尔门”（至今为止法国最长寿的人，被吉尼斯世界纪录确认为世界最长寿的老人）。她来找我问诊，是因为她在电视上看到了我参与的一档节目，这让她在备受强迫症侵扰30年之后，才刚刚发现这是一种病。在内克尔医院，我们针对她的强迫症开始应用行为疗法。

我第一次见她时，她从早到晚，甚至深夜都在做出强迫行为（她在床上翻身时也必须以某种特定的方式）。

我们先从她的强迫仪式（行动上的强迫行为）开始着手。我让她做出一些动作，例如，放置一件物品、起身、穿过一道门。当她正在做这些动作时，我大声说出以下话语——“弗朗索瓦逝世”“弗朗索瓦之死”“弗朗索瓦之墓”“弗朗索瓦的柩车”。这让她强烈地渴望重新做出那个姿势或动作，脑袋里想着另一个念头，但她克制住了。我们共同制定出她需要在家里完成的作业。很快，她成功地消除了所有行为上的强迫仪式。相反，她仍然需要在脑海里说“让娜·卡尔门”。于是我让她大声快速朗读根据其强迫思维编写出来的文章。

以下为其中一例：

“今天过节。我去殡仪馆给我的儿子弗朗索瓦选一口棺材。我没有选带软垫的橡木棺，而是选了一口低端些的松木棺。我不会为了他的死亡而让自己破产。我没有选择厚葬，而是选了朴素的葬礼。最让我不悦的，是菊花的价格。我让人制作了一个简单的小花圈，配上铭文‘致弗朗索瓦，爱你的妈妈’。我知道弗朗索瓦的死亡该归咎于我不再做那么多的强迫仪式了，而这又归咎于这可恶的行为疗法和拉马涅尔那个庸医。希望他快点去死！所幸，我为弗朗索瓦的葬礼协商到了一个好价格，从殡仪馆出来时，我决定组织一个丰盛的聚餐。比起死人，当然还是该给活人多花费一些。再说了，有的地方还庆祝人们的死亡呢。那么，聚会万岁！永别了，弗朗索瓦！”

起初，埃莱娜L.在大声读这些口授写下的内容时，焦虑至极。这对于她来说很可怕。但随着时间推移，她变得越来越自如。

埃莱娜L.勇敢地摆脱掉了她的所有强迫症。完全治愈之后，她向我坦言道，其实在治疗初期，她就清楚地知道她是没有能力影响弗朗索瓦的生死的，但她害怕某一个巧合使她产生负罪感。我逆推性地问她，在朗读我给她听写的内容时，她有没有悄悄想过“让娜·卡尔门”。她回答说，她无法去想。这一点坚定了我的观点——大声快速朗读法可用于预设惯例化认知回应。从那之后，我经常使用这一方法。

如果你像埃莱娜L.或让那样患有伴随精神强迫行为的强迫症，你可以实践这样的预设回应情境疗法，要么依靠你自己，要么求助于一位助手，即一个与你关系良好且可靠的人。这个人需要防止你朗读同样的东西两次，或是停下来。所读文章必须能激起你对于精神强迫行为的渴望，然而你没能够听任自己那样去做，因为大声快速朗读阻止了你。如果你想要稍事休息，他要确保那篇文章不能留在你的眼皮底下，以避免你重读的倾向。

为了应用这一方法，请记录下那些会诱发你精神强迫行为的语言，并通过这些语言，编写出一篇对于你来说“十分讨厌”的文章，然后你需要长期大声朗读它，直至对于精神强迫行为的需求减轻。如果你在不做出精神强迫行为的情况下，难以编写那段文字或难以朗读它，请让你的助手帮助你。

正如我前面说过的那样，在强迫症的治疗中，行为疗法是绕不过去的。尤其是EPR疗法，它让人置身于渴望做出强迫行为却又不能做的情景之中。

首先，强迫行为会消失；其次，不能做出强迫行为引发的不适感也会消失；最后，侵入思维甚至想要做出强迫行为的念头都会渐渐减少直至消失。

一步步地，你会取得胜利，消灭强迫症，生活得越来越好。

在违抗强迫症的命令这件事上，你永远不会做错。

请把强迫症视为敌人：它给你下达命令，让你如奴隶一般去听命。你越是服从它，它就越是奴化你。每当你成功地不去进行强迫仪式或精神强迫行为，你就在朝着痊愈前进；而每当你不幸地无法阻止自己时，你就朝着恶化坠落。

新思维阻断疗法或称分散焦点策略

思维阻断方法由考泰拉（Cautela）在1969年提出，方法为任凭病人产生纠缠的穷思竭虑，然后当听到“停止”这个词后，立刻通过非条件刺激（如电击或剧烈声响）打断这些反复思考。刺激要达到足以暂时阻断反复思考的强度。参照巴甫洛夫1类（type 1）条件反射理论，“停止”这个词应当与非条件刺激相联结，理论上能产生阻断纠缠思维的条件反应。多次试验后，我们假设新的条件反应会通过刺激的泛化而得以保持，于是让病人自己说出停止这个词，先是大声说，最后小声说。有人还提议在应用过程中，可在手腕处使用橡皮筋。

事实上，这一方法的效果令人失望，对于强迫思维的直接治疗也几乎没有成效。这一方法甚至会通过反弹效应提高纠缠念头的出现频率。事实上，这一分心方法可以被视为回避纠缠念头，因此，条件性的思维停止行为可被视为一种强迫行为——所以反而加重了强迫症。

我个人重新思考了这一分心方法，今后我更想把它叫作“分散焦点策略”。对于某些病人，这一疗法颇有成效。但我必须声明这种方法尚未得到认证，因而，有必要进行肯定或推翻其恰当性的研究。

在开始阐述如何重新审视这一分心方法之前，我想在此让大家回想一下弗吉尼亚大学研究员丹尼尔·韦格纳（Daniel Wegner）的实验，他就侵入念头和拒绝念头进行过有趣的研究。1987年，韦格纳和他的合作者给一些志愿者下达了两条指令：五分钟内，大声且持续陈述他们脑袋里想到的东西，且不能想到白熊。参与者表示，常常会想到一头白熊并无法阻止自己去想。按照同样的程序，其他人也需要陈诉他们脑袋里想到的东西，但这一次收到的指令是，要想着一头白熊。随后，第二段时间内，要求陈述想法的同时没有给出特别指令。在未收到指令的情况下，“白熊”这一念头出现的频率反而低于收到禁止指令时的频率。总而言之，这些实验证明了，想要不惜一切代价驱赶一个念头的时候，反而提高了它的出现频率。另一项实验要求参与人不要去想白熊，且每一次“白熊”这个念头出现时就去想象一辆红色大众汽车的画面。当他们需要陈述他们脑海中出现的念头时，他们提到“白熊”的次数要远远少于第一次试验。因此，我们可以认为“分散焦点策略”比起简单地打消侵入念头，可以让患者更好地控制它们。

这或许正说明了我按照自己的方式使用思维阻断方法，病人的病情得到了显著改善的原因。相较考泰拉曾经描写的方法，我所使用的思维阻断法与韦格纳最后的实验更相似。考泰拉所要达到的目标是“不再想着”，而不是帮助病人去想另外一件事。我主要针对仅有强迫思维而没有精神或行动上的强迫行为的强迫症（见第六章“其他主题：无法归类的强迫症”），或感到必须要给强迫疑问找到答案的病人使用这一方法。这一方法的目的在于帮助病人去想另外一件事，且不要陷入精神强迫行为的系统之中。这一方法在“渴望知道”或“需要记得”强迫症中（见第四章）尤为有效。它的主要角色不在于帮助病人去“解决强迫思维”，而在于克制自己不要做出必须给强迫疑问以完美答复的强迫行为。

这便是我所应用的方法。初期需要每周治疗一次，后续可以拉长时间间隔。病人躺下、闭上双眼，经过一个放松阶段后，我会让病人在听到我说开始时去想一个纠缠的念头。而事实上他根本没有时间去想他的纠缠念头，因为我刚一说完开始就会立刻击掌并大声喊停止。当我喊停止时，病人必须去想交通法规中的停止指示牌，且在这块指示牌之后，要立刻想到总是相同的一幅放松的画面。第二阶段的治疗也按照相同模式进行，但是我在大声说出停止时，不击掌。进入第三阶段后，由病人自己大声喊出停止，同时去想象那块停止示意牌，紧接着去想象那幅放松画面。随后，进入到第四阶段时，病人只用小声说出停止。进入到作为结束阶段的第五阶段后，病人只需要在脑海中说停止，不用发出音来，但同样要在脑海中去看到那块停止示意牌和他的放松画面。

有两个，这会改变人生吗?

菲利普是名校考前预备班的学生。他不像其他学生一样为了在考试中取得好成绩而投身到刻苦的学习之中，他无法阻止自己把时间花在一些很特别的精神强迫行为上。

菲利普患有一种独特的畸形——睾丸异位。在胚胎形成过程中，其中一个睾丸没有生长到阴囊中，而是流动到腹部继续了它的发育。于是，他在正常的位置只有一个睾丸。

菲利普对此不能释怀，并陷入一种强迫的必须之中：要建立一种抽象的、精确的、详尽的，尤其要完美的理论，用以回答下面这个超现实主义的、集生物－哲学－社会学－生理学于一体的疑问：“如果没有这一畸形，我会不会是另一个人？”他必须在位于医学院大街上的图书馆里，花上好几个小时来研究那些作为非医学专业学生的他并不太懂的资料。渴望以完美的、无可辩驳的方式来回答这一问题，这显然是注定要失败的。我们当然可以力图去回答那些在我们现有认知里仍然未得到答案的问题：上帝存在吗？宇宙的边界在哪里？它的边界之外是什么？思想家和哲学家可以就这些主题写不少书。相反，不切实际地感到自己必须要给这一类疑问找到确凿无疑的答案，否则就会很难受，那当然是一种强迫症。

在为了回答心中的疑问而建立起来一种理论之后，菲利普认为终于可以松口气了。然而随后，一个“一粒沙”式的念头前来摧毁了他整个抽象的精神构建，一切又得从零开始。强迫症总是如此：当我们感到一种必须性（此处为建立一种抽象理论），就应该做出相反的事。我向菲利普解释说，治疗的目的在于，不要陷入力图给这一问题找到答案的精神强迫系统之中，而正相反，要让自己待在疑问之中。目标提出后，我们采用了我在上文中刚刚描述过的分散焦点策略，这一策略帮他抵御住了给他那有趣的问题找到完美答案的需求。尽管取得了这些进步，菲利普还是没能在考试中获胜，不得不重新给自己定方向。

认知疗法

正如我们刚看到的那样，预设了惯例化回应的情境疗法（EPR）是在强迫症的治疗中起到决定性作用的、不可绕过的方法。绝大多数的病人都有着良好的领悟力，换言之，这些病人均强烈批评疾病迫使他们去做的事。他们会说：“我清楚我的行为非常愚蠢，但我就是控制不住自己。”

相反，其他一些病人对于强迫症的“意识微弱”或“领悟力很弱”。他们会试图去向你证明，他们的所作所为是有道理的。即使他们也认为自己夸张了一些，他们还是更宁愿努力说服你按他们的方式去做。这些病人是无论如何都难以接受行为疗法的。因而，首先，绝对有必要帮助他们去质疑他们的信念和思维系统。如果一位病人90%地确信通过握手他会感染上艾滋病，那么就难以促使他去握手。如果他坚信只要不锁上门，就会突然遭到入室盗窃，那么他是难以不去反复检查的。

认知疗法包括哪些内容？模式如下：我们从基因上继承了一块适合强迫症生长的土壤。通过我们所接受的教育和其他一些经验，一些认知图式得以在这片土壤上扎下根来。这些我们已经谈到过的认知图式是一些各个种类的规则、或多或少有意识且非常刻板的公设，它们决定了我们大脑处理信息的方式，并导致了患者以一种片面的、特殊的方式去解读来自外界或来自自身的事件。这些强迫症的认知图式，及其导致的对信息抽象的、障碍的处理方式，便构成了我所谓的“强迫症软件”。这些活跃的图式通向我们称为“评价性”的自动思维。病人把这一“评价性”思维视作“事实”，这是他处理信息后得到的结果。他把这一结果视为“正确又恰当”。让我们以一位讲课的老师为例。一位学生在其讲课中途走了。面对这一“活化剂事件”，老师的大脑不自禁地去“处理信息”。于是会产生一个“自动思维”，一种抽象的理解，一个对此活化剂事件的解读。如果该老师缺乏自信或状态抑郁，他会自动生成一种风格如下的思维：“肯定是我讲的内容不吸引人。”“我一无是处。”如果该老师状态良好，要么他不会有任何想法，要么他的自动思维会是：“他应该是有约。”“他对这一主题不感兴趣。”再或是：“以他的水平还无法理解我讲授的内容。”自然，除非是开了天眼，我们是无法知道学生为何提前离开了课堂。而对于该信息处理的结果无论是怎么样的，都必然是抽象的、假定的、不恰当的。

认知疗法希望达到的目标是，通过探究患者处理信息的方式，发现导致其错误处理信息的强迫症认知图式，然后去改变它们。

针对强迫性主题，对信息错误的、片面的处理方式产生出评价性思维，而这些评价性思维又导致了病人的慌乱，因此具有障碍性特征。当病人痊愈或病情好转后，他会批评这些思维，并且意识到他“之前的想法是错误的”。

强迫症软件

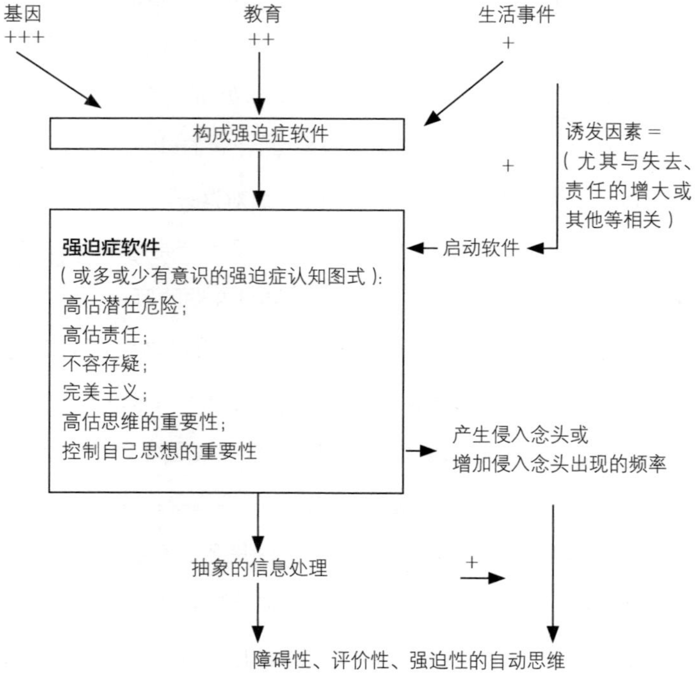

强迫症的认知疗法要达到哪些目标？

▶ 让侵入念头普通化（大家都会有侵入念头）；

▶ 不将侵入念头归咎于自己，也不因此怀有负罪感（它们是不自主的，人们不该为不自主的念头而感觉自己有罪）；

▶ 识别出评价性自动思维，并去改变它们；

▶ 识别出并帮助打消那些中和性念头（精神强迫行为）；

- 更新有功能障碍的认知图式，改变它们或令它们变得温和。

强迫思维之间的差异	
正常个体：	患强迫症个体：
极少出现	频繁出现
从普通的视角去解读侵入念头的含义	以严重的方式去解读侵入念头
没有或几乎没有情绪后果	强烈的不适感

侵入念头不过是一种很普通的现象。大量研究表明，80% ~ 99%的普通民众均有过侵入念头。但他们与强迫症患者之间的区别在于：念头出现的频繁程度、对于该念头的解读以及由此导致的情绪后果。

学会定位和区分你的念头

如果你希望修改你的强迫症软件，那么第一步要先理解其机能并学会辨别不同类型的想法：

- 侵入念头；
- 评价性自动思维；
- 中和性念头（精神强迫行为）。

为此，按照贝克（Beck）的方法，需要填写一个由三列内容构成的记录表（见第194页）。当出现不适感时，你的念头是？

一旦分辨出念头，就应该能够做到将它们分类并归入强迫症的三类思维之中。

情景	情绪	我的念头

三类思维：

•侵入念头是一种不自主的想法，它出现在脑袋中，患者对此无能为力。这一念头令人不快。患者不希望它出现，但它却反复出现。

•评价性自动思维是这样一种思维，它会去解读侵入念头的出现（“如果我产生这些侵入念头，那意味着……”），或解读侵入思维的内容（“如果我有这样的想法，那表示……”）、情景、需要采取的行为，再或者是这样或那样的行为导致的后果。

•中和性念头是一种自主的但认为必要的念头，患者感到必须想到这个念头才能感觉好一些（这是一种精神上的强迫行为），它还被称为打消性念头。

为了学会更好地区分它们，请参考以下例子，并试着将你记录下的念头按照它们的类别进行分类。

侵入念头	自动产生的评价性思维
亵渎宗教的念头：赤裸的圣母只穿着吊袜腰带的画面	我会下地狱的
我在地铁上可能被一个男人摸了	如果我不洗干净，我对于我的男朋友来说就是不贞洁的
由于我触碰了门把手，我的手被污染了	如果我不洗手，我将要对某人的死负责

侵入念头	评价性思维	中和性念头
某位坏人的形象	如果我什么也不做，我会失去我的品格，变得像这个人一样	自主地在脑海里看到某个好人的形象
亵渎宗教的念头	如果我什么也不做，那意味着我是同意这种念头的，那么我会下地狱的	自发地在脑袋里自言自语："上帝，请让我的灵魂升入天堂。"
想到我象征性地把我的女儿给了别人	如果我什么也不做，那表示我真的把女儿送人了	自发地在脑袋里自言自语："这是我的女儿。"
一位男性双腿分开的背影画面	如果我不觉得恶心，那意味着我是同性恋	自主地去想象这一画面并同时感到恶心
侵入感觉：认为此时不是开始某个动作的好时机（例如考试、体育训练……）	如果我现在做，会搞砸的	要感觉到"到了开始该动作的好时机"

检查你评价性思维的恰当性

既然你辨别出了自己的评价性思维，现在要试着自己去质疑它们，去检查它们的恰当性。这一评价是真的正确吗？我们可以总是这样想吗？

目前，你对自己的评价性思维的信任度也有一个等级。请你评估一下这一等级：100%=我绝对相信（没有任何怀疑），0%=我完全肯定这一评价是错误的。

现在请你分成两列写下：支持论据/反对论据，然后竭尽全力去寻找那些与你的评价性思维一致的，以及与其相悖的论据。

让我们以下面这一评价性思维为例："如果我产生了亵渎宗教的念头，我将会被上帝惩罚。"

支持论据	反对论据
亵渎神明的话是一种原罪	上帝是宽大慈悲的
	这些亵渎宗教的念头是不自主的
	我要接受治疗，以便不再产生这样的念头

在完成这一作业之后，请重新评估你对自己评价性思维的信任等级。你可以请你的亲友或你的"治疗助手"帮助你一起找到那些你自己没有想到的论据，它们将在批判你的自动思维时发挥作用。

寻找其他解释

你还可以去做另一项工作——寻找针对问题的其他可能的解释。

例如，"我在地铁上踩到了一个微白的斑点，它有可能是精液"。现在要找出其他解释，且针对你能想到的每一个解释，还需要评估其可能性：

- 精液；
- 白色油漆；
- 奶；

- 奶酪；
- 口香糖；
- 痰。

现在去观察哪一个是最合情合理的：油漆、痰还是精液？你看到过很多人在地铁站台上射精吗？那么，重新检查一下你对自己思维中“我踩到了精液上”的信任等级。

使用偏移法[1]

不要认为自己是唯一一个掌握真相的人，问问自己，其他人在相同的情境中，会如何作为，这往往是有用的。他们的做法会不同吗？他们的行为会带来什么样的结果？

例如，“如果我不检查我的门是否锁好，我就会遭遇入室盗窃”。我的表哥还有我的朋友保罗从不检查他们的门，可他们也没被入室盗窃。于是我就不那么相信那个“如果我不检查我的门，我会遭遇入室盗窃”的想法了。

借助箭头向下技术及累积概率法

正如你知道的那样，你的强迫症软件得到夸大危险这一

1　认知疗法中的一种方法，需要去观察在特定情形下，他人的行为及该行为带来的后果，目的在于转变自己的信念。

认知图式的滋养，它让你看到那些不存在或者可能性极低的危险。如果你分辨不出“有可能”与“很可能”之间的差别，下面这个我曾治疗过的饭店老板的例子是很能说明问题的。

一个危险的饭店老板

彼得经营着一家餐馆。每次供餐结束后，他都要花很长的时间来检查他的炉灶是否都熄灭了。他有一种障碍性思维："如果我不检查炉灶，我可能会让大楼烧起来。"我针对他所用方法（箭头向下/累积概率）的目的在于帮助他之后不再反复检查炉灶。该方法为：每一步都需要去评估所惧怕的结果，以及该结果出现的可能性。

- 彼得，您经营这家餐厅多久了？
- 一个月前满9年了。
- 您一周开门5天，一年休业一个月。
- 对，正是。
- 也就是说您一年工作48周，每周5天，供应午餐和晚餐。
- 确实如此。
- 那么，一周供餐10次。
- 是的。
- 即一年供餐480次。也就是说，9年间约供餐4320次。每一次供餐后您都要检查炉灶吗？
- 当然。且情况越来越糟，那要耗掉我大量时间。

▶ 在离开餐馆前的检查过程中，您发现过多少次在午餐或晚餐供应结束后，炉灶是开着的?

▶ 从来没有过。

▶ 您当然可以对我说这种情况下次可能会发生。假设如此，在此种情况下，我们可以说，在检查时发现炉灶没有熄灭的概率为1/4320。

▶ 您可以这样说。

▶ 在您看来，如果炉灶处于工作状态，会发生什么?

▶ 嗯，会发热，从而可能引发短路。

▶ 在您看来，炉灶持续加热几小时后引发短路的概率是多少?

▶ 1/2。

▶ 您是想说，每当有两个人忘记关炉灶时，就会发生一次短路?

▶ 不，您说得对。这样吧，改成1/20。

▶ 所以我们可以说，不检查炉灶的话，它持续开着并引发短路的概率为1/4320x1/20=1/86 400。那么让我们来想象一下，因为没有检查，炉灶持续开着，发生了故障并造成了短路，您认为这种情况下会发生什么?

▶ 唔，可能会起火。

▶ 彼得，您餐馆的设备难道不符合规范? 如果超电压或短路，断路器难道不会起作用吗?

▶ 啊，它确实会起作用，但它可能坏了。

▶ 您认为断路器故障的概率有多大?

▸ 设备是新的，且认为是1/100吧。

▸ 我们来概括一下，可以说炉灶持续开着，由于短路炉灶出现功能异常，而断路器也没有发挥应有的作用，这一概率为1/8 640 000。是这样吗？在您看来，发生概率为1/8 640 000的事件可能性大吗？

▸ 当然不大。

对于这一点的意识帮助彼得成功、勇敢但仍带有焦虑地实现了预设回应的情境疗法，他检查炉灶的时间越来越短，随后就完全不再检查了。

如同彼得的这个案例一样，当你惧怕可能性一个比一个还小的一连串后果时，请使用累积概率法。

使用责任占比评估法

当你认为自己对某件事负有责任或负有潜在责任时，请寻找该恼人事件的所有其他可能的原因。然后给其他原因中的每一项都分配一个责任比例，最后给你的责任也确定一个比例。

以我的病人尼古拉为例（见第二章中的“对于地狱的恐惧”），他认为碾到一个油洼，车轮侧滑了。他想着某位摩托车车手可能会在油上打滑，而正在这个时候可能来了一辆汽车，然后撞死了摩托车车手。让我们来检查一下导致这一死亡的因素，以及每一个因素的责任份额，最后还有病人应承担的责任份额。

- 在道路上倒了油的人；
- 摩托车车手超速；
- 摩托车车手不够警惕；
- 汽车超速；
- 汽车驾驶员没有及时做出反应；
- 医疗急救姗姗来迟；
- 急诊接收病人迟缓；
- 医院附近堵车；
- 我没有将油洼报告给警察。

当你了解到，在这一事件中，你的责任非常微小，这会对你有所帮助。但即使这样，对于你和大多数强迫症患者而言，哪怕负有十分微小的责任，也是难以容忍的。

定位你的强迫症认知图式

基于你辨别并编写出的自动思维清单，就可以定位你的强迫症认知图式了，即那些隐藏着的规则，它们决定了你对事件、对你自己及对世界的“解读”。

正如我们在前文中已经看到过的那样，最常见的强迫症认知图式为：

- 高估危险性；
- 高估责任；

- 完美主义；
- 不容存疑；
- 高估想法的重要性；
- 控制思维的重要性。

高估危险性会倾向于看到那些并不存在的危险："我握了某人的手，就会感染艾滋病。"或者放大某个可能性很小的风险："乘飞机的话，就会坠机。"然而世界上每秒钟都有两架飞机安全地起飞和降落，空难是如此罕见，以至于每当发生一起，电视上都会播报。

高估责任是一种在普通大众完全不会觉得自己负有责任的情况下，认为自己有责任的倾向（排除流氓或坏人）。例如，"如果我不聚拢街道上的枯叶，某人可能会踩到滑倒，那我就要对他的死负责"。

完美主义在于，认为能够且应该把事情做到完美（见第四章中的"完美的地狱"）。

不容存疑在很多强迫症中均有体现。在"渴望知道"强迫症中（见第四章），它是居于首位的。当必须绝对确定的需求与完美主义结合起来时，往往导致行动无法进行或迟迟无法做出决定。当不容存疑同"高估责任"和"完美主义"认知图式结合起来时，你会感到只要没有做出最好的决定，你就负有责任，并感到必须要做出完美选择。这样就能解释患者为何总是迟迟无法抉择了。拖延症（延期行动的行为）在强迫症中十分常见。强迫症患者感到只要他没做出选择，他就没有犯错。但他没有看到，不做出决定可能酿成大错。

拖延的决策者

奥斯卡是物理–化学专业的学生。在本专业之外，他还学习戏剧。到学院注册时，他应当在两个方向之间做出选择——更多地学习化学，或者更多地学习物理。选择期限已经过了很久，他仍旧没有决定，于是被大学强制安排了专业方向。他在三门戏剧课之间犹豫，当他终于下定决心时，这三门课均已开课大概三个月了。

高估想法的重要性是一种尤为重要的认知图式。它覆盖了多个主题。

- 首先，是对于侵入念头的错误解读，包括对其内容，以及对拥有侵入念头这一事实。如果我有这样的想法，那意味着我“疯了、是个坏人或是个危险的人”（拉赫曼）而不是“如果我有这样的想法，仅仅是因为我患有强迫症；我应该把这一想法看成并非我本人的想法，而是我大脑机能障碍的结果”。
- 其次，常常会有一种神奇的迷信思维：“如果我想着这件事，它就会发生。”
- 最后，高估了思维的重要性。这种情况下，思维即被视同为行动，自主念头和非自主念头并未被区别对待：“想到等同于去做——如果我想到某人的死亡，就如同是我杀了他。”

显然，这一高估想法重要性的认知图式仅会常常与控制思维的重要性这一认知图式相结合。后者认为我们能够也应该对自己的思想进行完全控制。这当然是不可能的，因为我们所有人都会出现不自主的念头。

例如，如果我说了“鸭子”这个词，我会令你想到一只鸭子的画面或是鸭子这个词，再或是一道色香味俱全的萝卜烧鸭……无论如何，你没能够阻止自己想到“鸭子”。在强迫症中，脑部的机能障碍会产生出你不希望拥有的、不自主的侵入思维。你对这些侵入思维所负有的责任，并不比我说到“鸭子”这个词时，你非自愿地想到“鸭子”的责任大。

质疑并改善你的认知图式

通过使用与自动思维相一致的治疗方法，同样还可通过讨论相关认知图式带来的短期和长期的结果，能够改善你的认知图式（检查其恰当性、偏移法）。

可以基于你的自动思维清单来辨别你的认知图式，而依据泰勒（Taylor）的看法，你还可以使用如下清单：

- 高估一件危险或不幸事件的可能性和严重程度。

•高估责任。

•缺乏预防措施就等同于成就该事件。

•思维–行为相融合：

1. 想到几乎等同于去做；

2. 想到某事就提高了其发生的可能性。

•迷信、神奇的思维：想法能够破坏因果性的正态分布。

•赋予思维过高的重要性：

1.“我会想到它，因为它重要”；

2.“它重要，因为我想到了它”。

•产生一些自己并不希望拥有的想法，将会导致一些与其正常机能不兼容的情绪后果。

•控制自己的思维的重要性。

•认为存在每个人都应当力图达到的完美状态。

•相信人们都应当符合一种高效能的运行模式。

•认为犯错是非常糟糕的事。

•面对规则表现得刻板：规则应当得到严格遵守，这意味着在做事方法上的过度审慎和忧虑。

•认为人们应当控制生活中的所有事件。

•认为感受到焦虑或不适是件坏事，且可能招致不幸的后果。

•无法容忍不确定性、新事物及变化，因为它们有可能是危险的。

•相信存在完美的选择及解决方案（这一点可导致疑虑，从而延缓做出决定）。

•认为人们无法管理不适感或焦虑感。

•对自己的记忆或感官能力缺乏信心。

•过度推论：有将一两件特殊事件普遍化看待的倾向。例如，“之前有一天，我犯了个错，这意味着我不能够信任我的判断，我将会不停地犯错”。

选择一个与你的情况相关的认知图式，并针对它进行如下操作。

1. 该认知图式引发的结果

在我生活中，该认知图式带来的正面结果	在我生活中，该认知图式造成的负面后果

2. 检查相关认知图式的恰当性（该认知图式真的如此正确吗？）

支持论据	反对论据

3. 偏移法：我认识某个人，他就没有这一认知图式，他的行为会带来什么样的结果呢？

在完成这一认知工作后，你不应当止步于此。该认知工作的意义仅在于帮助你改变自己的强迫行为。从今以后，它会让你步入能够帮助自己战胜强迫症的方法——预设了惯例化回应的情境疗法。

加油！

懂得识别真正的认知行为疗法

我从实践经验中获知，部分“追随多种流派”的治疗师宣称他们在运用认知行为疗法，而事实上，他们所使用的根本就不是这一方法。

伪行为主义者

我还记得我的一位患有污染主题强迫症的亚裔女病人，她惧怕受到弓形虫感染。我已经不太记得其中的原因了，但由于她的强迫症，她不能够脱了鞋子赤脚走路。正如对待所有的新病人一样，一旦诊断确立，我便向她解释，在强迫症的治疗中，有两样事物是证实有效的：某些药物以及认知行为疗法。她回答我说：“我用过认知行为疗法，但并没有成功。”我表现出惊讶，因为有时我们无法成功使用该方法，但一旦成功使用，均能取得效果（埃德娜·福阿，费城的一位精神科医生，在研读了20世纪80年代国际上的著作之后，阐述道，运用预设了惯例化回应的情境疗法之后，90%的病人病情好转，而51%的病人病情显著改善甚至治愈）。于是我试着去了解她跟随那位治疗师做了些什么。她回答说："聊天。"我向她解释说认知行为疗法并不仅限于聊天，事实上，她并没有真正获利于这一本该令她好转的行为疗法。

几周之后，她可以在我诊所的候诊室里赤脚走路了。她很快便取得了进步。

还有更糟的。我关于强迫症的第一本书问世，并相应推出一些电视广播节目之后，一部分病人去咨询了自称行为疗法派的治疗师。惊讶于这些治疗师的行为，他们给我打电话："他做得跟您书上讲的完全不同。他示意我坐下，不向我提任何问题。'谈话'结束时，他便提出下一次碰面的时间。"

我并不反对其他形式的治疗方法，只要它们不会阻碍病人接触到真正对他们有效的治疗。相反，我不认可的是欺骗。我真心希望不使用认知行为疗法的治疗师们，清楚地将实情告知病人。

也正因如此，我认为病人自己有必要懂得辨别治疗师是否真的在使用认知行为疗法。

懂得识别强迫症的认知行为疗法

- 治疗师不会一言不发；
- 治疗师会讲解治疗方法；
- 治疗师会提出明确的问题；
- 每当条件允许，治疗师会让病人当着他的面进行练习，且治疗师本人会先完成他要求病人做的事；
- 当有必要的时候，治疗师会安排相应作业让病人在家完成；
- 治疗师会鼓励病人，并对其取得的进步表示祝贺。

第十二章

强迫症的药物治疗

Les traitements médicamenteux du toc

关于普通药品尤其是精神类药品，民众听说了太多谬论。因此，倘若你患有强迫症的亲人采用药物治疗，你肯定会为此感到担心。或者是你本人，也会害怕服用医生开的药物。

你有必要毫不怀疑地获知在强迫症的治疗中，疗效无可争辩的药品的相关信息。然而出于一些说不清道不明的理由，某些人在并不真正了解的情况下对药物进行攻击，以一种不负责任的方式，在病人中间散布对于药物有效性的怀疑。于是这些接收到错误信息的可怜病人中断了治疗，而那治疗本该让他们生活得更好，病情不再严重复发。部分书籍受到了高等卫生机关的强烈批评。在我看来，它们甚至是罪恶的。

还存在另一个理由，让我想要在此谈论在强迫症的治疗中，能够发挥作用的药物。遗憾的是，在强迫症的治疗中，我们仍然能够看到一些开出的药品并无疗效。那可能是诊断错误或是不了解治疗。所幸的是，这一情况已越来越少。

对于药物的恐惧源自何处

丑闻时有发生，例如Médiator事件[1]，或更近一些的抗凝血剂事件。它们经证实是有害的，也确实应当被披露。每当此时，媒体便会大肆宣扬——在所有的电视频道里、报纸上、广播里都能看到、听到相关报道，难以躲避。针对药物治疗的讨伐性论著也频频涌现。让民众知情本是媒体的本职工作，且这是件好事，然而信息也会带来事与愿违的效果。通常记者只会报道负面事件。以空中交通为例：当协和飞机坠毁，或是巴黎—里约热内卢的航班在大海上坠落时，几天时间内，在所有的信息频道、杂志上，你都会看到飞机残骸、悲泣的家庭等等。人们仅会在发生空难时谈论起民航。想要获得真正客观的信息，那么每晚20点的时候，新闻播报员必须这样说："今日，世界范围内每秒钟就有两架飞机起落，全部安然到达目的地。"如果每天都把这些信息告诉民众的话，我向你保证对飞机的恐惧一定会减少。

这一点适用于所有事情。关于健康，一切都是不好的：蘑

1　法国药品，自上市销售以来发生多起致死或致病事件。——译者注。译者解婷，现于云南大学外国语学院工作。

菇是具有放射性的，转基因产品可能很危险，指甲油、柴油、杀虫剂、肉骨粉、体内含汞的鱼类、带有疯牛病的牛肉等都不好，不能吃过多的糖、盐、蛋白质，避免喝瓶装水，避免使用手机、微波炉，当然还要避免吃药。

然而应当注意到，在我们“可怕”的发达国家中，即便有这些具有毒性的药品，人的寿命仍然在不断延长。我们几乎完全遗忘了那些救命的，或是能救治残疾、令人更好地生活的药品。别忘了它们中的绝大多数能够让人病情好转、痊愈及活得更久。再者，由于经济原因而无法获得这些药品的人民，并没有被延长寿命。

这种对于新事物、对于化学制品的恐惧源于追求回归“自然”疗法，例如通过植物来治疗。就仿佛自然界中的东西总是好的，而由人类制造出来的东西却总是坏的。就仿佛植物从来都不会有副作用，而对抗药[1]总是伴随副作用。然而毒芹就是自然界中的一种植物，并且是一种毒物。鬼笔鹅膏亦是天然的，却是致命的。医学的历史让我们知道，当发现某种植物能改善某个病情时，便会将其制药使用。随后，科学的进步使得人们能够确定的是，植物中的何种成分产生了这一有益效果，仅将这一成分从植物中提取出来，并除去植物包含的其他物质。这些物质有时或多或少具有毒性，或者会产生副作用。后

1 对抗药具有对抗有待治疗的疾病和症状的药效。相反，顺导药物这一术语，则指通过微小用量就能制造与疾病相同效果的药物（例如，咖啡因之于失眠患者）。

来，科学的进步使得人们不再仅限于提取该成分，而是能够制造它。无论NaCl是从海水中提取出来的还是用钠和氯制造出来的，它仍然是NaCl。再后来，人们又制造出了自然界中不存在的分子……多亏了这一点，医学的进步是无可争议的。几年前，我一位病人的女儿患上了一种白血病。在我开始探究这一类型的白血病时，其生存率仅为10%；而如今，已达到90%。人们当然可以返回石器时代，而放弃医学的进步……

为何人们更惧怕精神类药物？第一个原因是，针对精神疾病的“生物医学观念”[1]长期以来受到否认：心理动力学模式占优势地位。精神类药物仅被视为一种“镇静剂”，甚至是一种“安定药”。疾病的发现，尤其是具有遗传因素的精神类疾病的发现，才使得人们用与看待其他疾病（如心脏、肝脏、胰腺或甲状腺上的疾病）同样的方式来看待这类疾病。在这一新方式中，发现药物治疗的有效性自然起到了重大作用。

认为大脑是唯一不会患有畸形的器官，不会产生需要通过药物治疗来修正的功能障碍，这一观念并不符合逻辑。对于身体的其他器官我们认可的，放到大脑上我们却难以接受。

第二个原因是精神类药物治疗与毒品之间的相似性。部分精神药物确实偏离了本来的用法，在使用过程中掺杂了酒精或麻醉剂。因此导致了如下一些合理恐惧：成为吸毒分子、变

1　生物医学模式将健康定义为没有疾病、疼痛或生物异常。疾病被定义为容易被关注到的客观异常：体貌、生物、精神异常，及通过放射学、解剖病理学等手段观察到的异常。

得依赖、必须增大剂量、损坏了大脑。我们经常听到这样的问题："这个药劲大吗，医生？"我回答道："如果您是想问是否有效的话，是的，它很有效。如果您想问它是否是一种有毒的治疗，那么它在这方面，药劲一点也不大。"

作为精神科医生，我们要与病人的恐惧，甚至常常是对于我们处方的反对相碰撞。你去看内分泌科医生，他诊断你为糖尿病患者[1]，需要靠注射胰岛素来维持糖类平衡，并让你长期地每天注射一针胰岛素。"好的，医生。"你的医生注意到你的甲状腺上有异常，它不再分泌足够的甲状腺激素，于是让你终身服用左旋甲状腺素钠片以治疗甲状腺机能减退[2]。"好的，医生。"你的心脏科医生给你开了两三种药品让你长期服用，以对抗心力衰竭。"好的，医生。"在这其中的任何一种情况下，你都不会质疑医生的处方。通常情况下，你几乎不会提问题，更不会问"对于治疗的依赖"这类问题。相反，你的精神科医生诊断你患有严重的、能令你丧失活动能力的强迫症，他给你开了5-羟色胺再摄取抑制剂，且诚实却笨拙地提出，你可能需要长期使用这一药物治疗猜想。"再见，医生。"

有时，迟疑来自于你的亲友或是某个对此一无所知的人。有多少病人在他们的怂恿下中断治疗，随后病情严重复发！不

1 糖尿病的一种，患者需要通过注射胰岛素来补充胰岛素的分泌不足。
2 甲状腺不分泌甲状腺素或分泌不足。

幸的是在某些情况下，“好意与无知相结合”招来了病情复发、恶化甚至是自杀。正如你不会建议一位心脏病患者中断治疗，同理，请你也不要去对一位正在接受精神药物治疗的病人做这件事。在这一点上，也要能接受你的“无法胜任”！

基于这种对于精神类药品不信任的总体氛围，采取这一治疗也显得有罪、不光彩，往往是遮遮掩掩地进行。这种氛围让人惧怕他人口中贬低的治疗（“他在服用抗抑郁药”），或将个人的小困难与真正的疾病混为一谈，总认为在任何情况下都应该“自己走出来”。接受治疗往往成为一种可耻的、无能的象征，就如同在半个世纪前，寻求精神病医生救治那样。不幸的是在当今社会，这个情况仍然时有发生。希望我们能很快摈弃这种中世纪的思想，进入到21世纪的真正医学当中。

惧怕副作用及反安慰剂效应[1]

我刚才陈述的关于面对药品，尤其是对精神类药品的恐惧，使得为数不少的病人在接受治疗时恐惧、慌乱。除了强迫症之外，只要他们还稍微患有其他障碍，例如恐惧症，或患有

1 药品的反作用，来自于心理因素（而非药品本身）。

人格障碍，尤其是戏剧化人格违常[1]或回避型人格障碍[2]，那么他们对于药物的恐惧可达到最高值。

几年前，我曾在内克尔医院参加过关于药物的双盲实验。这些药品当时已经在销售，但适应症仅为抑郁症。若想获得适应症为强迫症的AMM（上市许可），则需证明其针对此障碍的有效性。事实上，为了证明某种药物适用于某种已知障碍，例如强迫症，仅将其开给强迫症患者并观察他们是否好转是不足够的。

于是一个受监督的双盲实验就这样展开了。

通常，应当在多个医疗中心进行国际化实验。我们会选取大量的强迫症患者。例如，同意参加实验的患者，在实验过程中要接受服用剂量为20毫克的×药品，或剂量为40毫克的×药品，或者一些“面粉”（一种无药效的产品）。

跟踪某位病人的某位医生将一盒盒药或“面粉”分发给病人。无论医生还是病人都不知道盒子里装的是什么，这便是“双盲”这一名称的由来。在持续相当长时间的定期诊疗当中，医生需要完成等级评估，要仔细地记录下所有变化、全部副作用以及病人的全部抱怨。

在分析调查时我们会发现什么？分配到有效剂量的×药品这一小组的病人中，当然应该有大量的病人好转；而分配到面粉的病人中，应当只有极个别人好转。会存在几个通过面粉

1　该人格的特点为：患者往往表现出过度的情绪回应，且寻求他人的关注。
2　该人格的特点为：抑制社交行为，自我贬低，且对他人的负面评价非常敏感。

病情好转的患者，即我们所说的“安慰剂效应”。在强迫症中是很少出现安慰剂效应的。而我们观察到的还有“反安慰剂效应”：部分分配到面粉的病人表现出头痛、呕吐、失眠，然而他们拿到的根本不是药物。

法国议员最近新提出的一项法令规定医生有义务告知病人药品所有的副作用，包括最罕见的。想象一下这对于惧怕药品的恐惧症或焦虑症患者来说是何等的灾难。想象一下一项法令规定你在上飞机前要签署起草如下的条款：“我承认已从×航空公司处充分获悉3647次航班有可能坠毁，我有可能因燃烧产生的浓烟窒息而死，且空难中幸存的概率几乎为零。”你大概不会轻松地走上飞机了吧。相似地，一位恐惧症女患者最近向我诉说她之前放弃了一次扁桃体周围蜂窝组织炎的手术。这一手术本来是对她有利的。不幸的是，外科医生让她签署了一份关于术后可能出现的后果的声明信息。当然，这些后果就如空难一般可能性极低。很多病人是难以分辨出有可能或很可能之间的区别的，尤其是强迫症或恐惧症患者。

这就是为何，在此我不会谈论潜在的副作用，更何况这些副作用并不危险，且大部分都是极其罕见的。谈论它们会助长并引发你的恐惧。即将开给你的抗强迫药物所涉及的那些十分罕见的禁忌症，该由你的精神科医生去找出。而从你的角度，请毫不迟疑地将你所患的疾病或者你已经接受的药物治疗告知你的医生。

在强迫症的治疗当中，还应当辨别区分不伴随任何类型共病性（共病性即同时患有多种障碍）的“单一”强迫症和“复合”强迫症（伴有人格障碍，伴有共病性）。

单一强迫症的药物治疗

我坚持认为所有相关人员：病人、病人亲友、医生、药剂师以及其他卫生事业参与者，都应掌握基础知识。

在强迫症的治疗中体现出有效性的是一些抗抑郁药（这些药品当然也用于治疗抑郁症患者）。然而并非所有的抗抑郁药都具有效用，仅仅是那些含有我们称为5-羟色胺再摄取抑制剂的药品。

什么是5-羟色胺？这些药品是如何产生作用的？

我们的大脑可以被比喻为一台超级电脑，里面有几十亿条线路相互连通。信息以神经冲动的方式在它的“线路”间流通。当这一“电”信号传达到某个细胞的末端（线路末端），信息就会在一个细胞与另一个细胞之间进行化学传输。当神经冲动到达了突触（从一个细胞到另一个细胞之间的通道），突触前神经元细胞[1]（信息来源于此）便会在连接处释放神经冲动传送媒介（见简图1）。

1　引起神经冲动的那个神经细胞，该冲动将经由突触被传到下一个细胞，称为“突触后”。

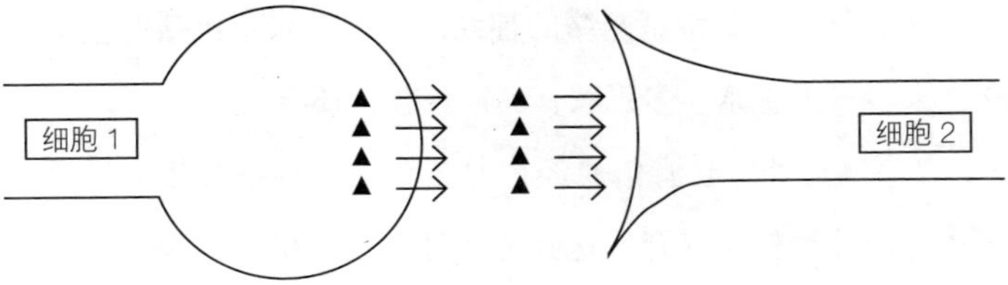

简图1 细胞1在突触处的神经冲动传送媒介的语言

神经冲动传送媒介[1]是一种化学物质，它使得信息在一个神经细胞（也称为神经元）与另一个之间传输。这个神经冲动传送媒介将如同一艘太空飞船，让自己依附到一些特殊的接收器上（只有神经冲动传送媒介可以做到），这些接收器位于接收细胞上（见简图2）。当这些神经冲动传送媒介成功依附到接收器上之后，电信息（信号）便产生了，随后传递到第二个细胞。

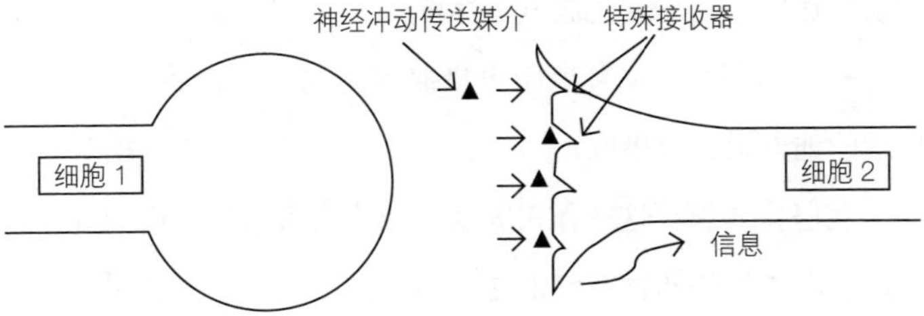

简图2 通过神经冲动传送媒介激活细胞2

1 为使神经冲动在两个神经细胞间传导而由一个神经细胞分泌出的化学物质。

不计其数的脑细胞网络的神经冲动传送媒介包括4-氨基丁酸、去甲肾上腺素、多巴胺、5-羟色胺，还有其他。

在突触[1]处，当有信息经过时，存在一种系统让突触前细胞将神经冲动传送媒介发送到连接处。这一机制被称为再摄取（见简图3）。

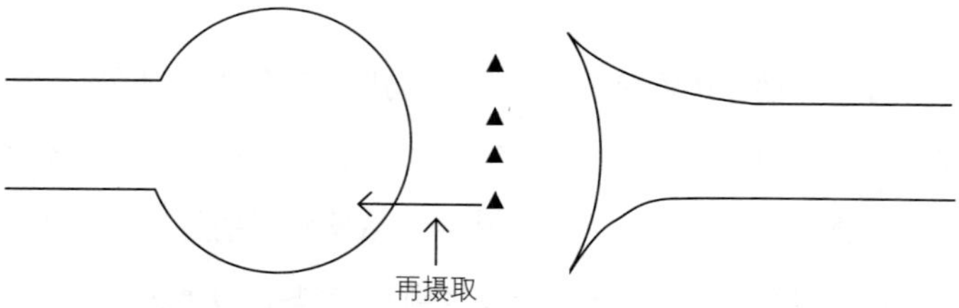

简图3　再摄取现象

现在让我们以两个细胞间的一次连接为例，这其中的神经冲动传送媒介为5-羟色胺（见简图4）。

抗强迫药物（5-羟色胺再摄取抑制剂）将在简图4上用叉标示的地方阻止再摄取。

我坚持要解释这一作用方式。因为有很多病人会问我，对强迫症起作用的药物在脑部是如何工作的。我还碰到过一些错误的信念，例如“我缺5-羟色胺”。

1　两个神经细胞间的联系部位，通过我们称之为神经冲动传送媒介的化学物质，使得信息得以在两个细胞间传输。

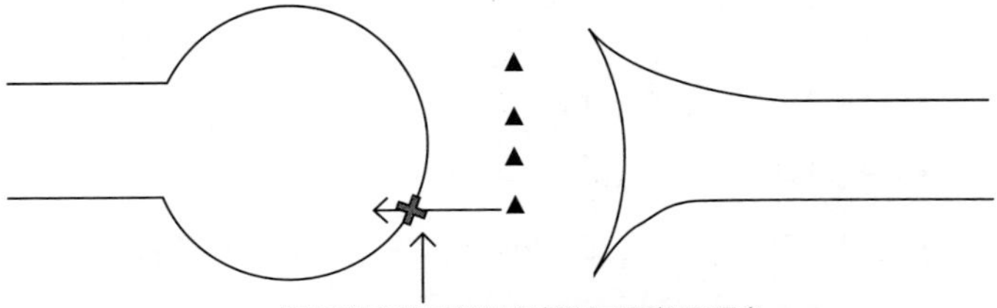

简图4　5-羟色胺再摄取抑制剂的一个分子的作用

因而，在我看来，阐明这一点是非常有用的。

我们刚刚看到，某药物若能够有效地治疗强迫症，则它必须对5-羟色胺再摄取起到抑制作用（起不到这一作用的抗抑郁药物对强迫症是无效的）。相反，也不会因为它是IRS（5-羟色胺再摄取抑制剂），该药物就会有效。确实，IRS分子可能在×先生身上并未产生任何效果，但却在另一位于患者身上显现疗效，尽管突触处的作用方式是相同的。此外，很难解释为何部分病人对IRS没有反应。于是，这些药物的具体作用仍然是个谜。

有哪些IRS？

我们会区分选择性IRS和非选择性IRS。选择性IRS对且仅对5-羟色胺的再摄取起到抑制作用；其他的IRS会对多种神经冲动传送媒介的再摄取起到抑制作用，其中包括5-羟色胺。

选择性IRS：[1]

•氟西汀	百忧解
•氟伏沙明	Floxyfral，兰释
•帕罗西汀	Deroxat，Paxil（仅查到Seroxat赛乐特）
·西酞普兰	Seropram（未获上市许可）（仅查到Celexa喜普妙）
•艾司西酞普兰	Seroplex（仅查到Lexapro来士普）
•舍曲林	左洛复

非选择性IRS：

•氯丙咪嗪	Anafranil
•文拉法辛	郁复伸（未获上市许可）
•米那普仑	郁思乐（未获上市许可）
•度洛西丁	千忧解（未获上市许可）

针对强迫症最常起到作用的，也最为有效的仍是氯丙咪嗪（多项元分析共同证明了这一点）。

尽管如此，治疗师往往更倾向于先开别的药。至于缘由，我在此暂且不阐述。

无论如何，如果你患有强迫症并采取药物治疗，请确保你所服用的药物为上述清单中所列药品。

请注意，标有“未获上市许可”的药品，目前在法国境内

1 左栏为化学名，右栏为商品名，但并非所有商品名都能查到。估计国内尚未引进该药品，或者国内用了别的商品名。——译者注

尚未获得适应症为强迫症的上市许可。

治疗强迫症时的药物用量

药物治疗的用量将逐渐增加，直至达到能够起效的最小用量：

- 氯丙咪嗪（Anafranil）：每日100毫克。
- 帕罗西汀（Deroxat）：每日30毫克。
- 氟伏沙明（Floxyfral）：每日150毫克。
- 氟西汀（百忧解）：每日20毫克。
- 舍曲林（左洛复）：每日100毫克。
- 艾司西酞普兰（Seroplex）：每日10毫克。

上述剂量适用于中等体型的成年人。

无论是出于药物恐惧还是其他原因，切忌擅自减少你的精神科医生开给你的剂量。在强迫症的治疗过程中，药物只有在达到较高剂量时才会产生效果，即所需剂量要高于治疗抑郁症的必要剂量。服用较低剂量将会无用又无效。

以下是治疗强迫症时的常用剂量：

- 氯丙咪嗪（Anafranil）：每日100 ～ 300毫克。
- 帕罗西汀（Deroxat）：每日30 ～ 60毫克。
- 氟伏沙明（Floxyfral）：每日150 ～ 300毫克。
- 氟西汀（百忧解）：每日20 ～ 80毫克。
- 舍曲林（左洛复）：每日100 ～ 300毫克。

• 艾司西酞普兰（Seroplex）：每日10～40毫克。

需要注意的是，有研究显示，在强迫症的治疗中，帕罗西汀的每日剂量在20毫克时，无异于安慰剂。

就这些抗强迫药物而言，在某些例外情况下，计划使用剂量可能会更大。我最近接到了一位精神科医生同事的电话，寻求我的建议，她曾在勒内·笛卡尔－巴黎第五大学上过我关于强迫症的课程。她接收了一位先前在美国接受过治疗的女病人。这位女病人之前状态良好，并无症状（没有任何强迫症症状），但她当时服用的艾司西酞普兰剂量为120毫克，如此大的剂量已经远远超过了法国允许的范围。我建议她请一位医科教学及医疗中心（CHU）的教授来认证一下这一非典型治疗方法。因为在我看来，中断一种病人能接受且有效的治疗方案并不是明智之举。当然，我也提醒她要求病人要清楚地告知每一位给她开其他药的医生，她之前所服用药品的剂量，并在从业者可能不了解的情况下，提醒其不可使用任何可能降低血钾含量（血液中钾的比率）的药物。在服用如此大剂量艾司西酞普兰的情况下，降低血液中的钾含量确实可能是危险的。

针对治疗强迫症的药物剂量往往很大这一点，我想在此呼吁，希望药剂师以及药房的药剂助理师能够给可怜的病人行行方便，以免他们需要不停地证明自己确实需要那么多药。他们不得不当着药店其他客人的面承认自己所患的障碍，而往往这又是令它们羞愧的障碍。以下是一个对话的例子：

▸ 100毫克的氟伏沙明（Floxyfral），每日四次！天呐，您的医生肯定是弄错了。

▸ 不是的，我患有强迫症，在治疗这一疾病时，剂量会开到这么大的。

▸ 您还是应该减一减量，这太多了。

药剂师们，请你们宁可给开药的医生打个电话求证一下是否弄错了（错误偶有发生），也不要让病人担忧，不要让他因为必须接受某一治疗而有负罪感，这一治疗对他来说往往是十分必要的。

抗强迫药物治疗的起效时间

若你已经为自己的强迫症选择了药物治疗，那么服用已经证明无效的剂量是愚蠢的。同样的，不等待药物发挥作用也是愚蠢的。然而这正是我们偶尔观察到的：剂量充足的处方在一个月后停药了，原因是未看到效果。针对强迫症，你应当每天按时按量服药，“抗强迫效果”可能会延迟出现。即使在个别情况下我们会观察到从第二周起便初见药效，但更常见的情况是，效果在第3～6周之间才显现出来。在极少数情况下，甚至需要一直等待到第12周。

在开出能够起效的最低剂量，且等待了六七个星期之后，若是你仍旧没有起色，你的精神科医生可能会加大剂量（当然是逐渐加大），因为到了那个时候，好转的可能性大大降低。剂量将根据耐受性且在能够带来好转的情况下增加。剂量的增加将以六周为一个阶段。

对于治疗的期望

能够治愈强迫症，并且在我看来不可绕过的方法是置身于情境中且不做出强迫行为，即在预设了回应的情境中进行练习。我在眼里，认知方法和药物治疗均是为了达到这一目的。往往，当对于某位病人来说，这一预设了回应的情景治疗（EPR）是难以忍受的、不可能的时候，它却可能因为药物变得可以接受，虽然它仍旧让人不太舒适。只要你回避EPR，你就不会痊愈，且只要一停止你正在接受的药物治疗，病情基本会百分百复发。

对于药物的回应也并不总是一致。为数很少的一部分病人对药物没有反应。而对于有反应的那部分人，反应的强烈程度也因人而异。

无论如何，你极力追求的应当是消灭强迫症。去做讲述认知行为疗法的章节中描述的练习会帮助你达到此目的。首先要做到消除所有的强迫行为，随后你可以考虑减少，并适时停止你的药物治疗了。

治疗的持续时间

你应该持续接受有效剂量的治疗至少一到两年。当你通过努力练习和药物的帮助，彻底根除了强迫症后，便可尝试降低用药剂量，随后停止服用药物了。

但不幸的是，复发率居高不下（停止服用氯丙咪嗪后的复发率为89%）。倘若药物治疗未配合上病人为抗击强迫症所做出的努力——即认知行为治疗，那么复发率会更高。

如果你还没有百分百战胜自己的强迫行为，且总是存在你始终难以攻克的强迫症的牢固核心，那么减小药量一定是不适宜的，并且未来的战斗难度将会增大。

像菲利普一样的部分病人（见第十三章“抗强迫药物与认知行为疗法间的关系”）在停止药物治疗后，病情便复发了。他们不得不重新服用足够剂量的药，有时要略微高于第一次接受药物治疗时的必要剂量，并重新通过认知行为疗法的练习来勇敢地与强迫症战斗。如果他们成功地再一次处于无症状状态，那么不建议再次停止药物治疗。多次停止将会促使对治疗产生抵抗性。相反，可以非常缓慢地降低剂量，最后仅保持能够预防复发的最低用量（防止复发的必须剂量往往比治疗时的所需剂量要低很多）。

倘若足量服药且持续时间足够长但仍然没有成效，如何是好?

我们曾见到过（且我们不知为何）某种IRS（5-羟色胺再摄取抑制剂）药品在某位病人身上不起任何效用，但换一种药却能够起效。于是，给你开处方的医师会采用相同方法，但换掉其中的药品。

我按量服用了所有种类的药。没有任何一种有用。怎么办?

那么，需要重新审视问题。或许病人还患有另一种精神障碍，但自己没有意识到。而这种精神障碍阻碍了病情好转。此外，在服用药品的同时，病人是否很好地完成了认知行为治疗?

如若伴随有另一种障碍，无论涉及另一种精神疾病还是一种人格障碍，都应当对症治疗（见“共病型强迫症的药物治疗”）。

如果并未伴随任何其他障碍，则可考虑使用联合用药策略。这种情况下的处方一定要由一位专家来开。可联合使用小剂量的安定药，如维思通，尤其当存在抽搐症的个人或家庭既往史时。同样可以将选择性IRS与氯丙咪嗪联合使用。

将近50%的病人单独使用IRS时（氟西汀：每日40mg，舍曲林：每日200毫克）并未见效，但在联合使用每日75毫克的氯丙咪嗪后出现好转。同样地，在每日服用150毫克氯丙咪嗪之外再加上小剂量的舍曲林（每日50毫克）也会显现效果。

哪些因素可用于预计对强迫症药物治疗的回应

一位美国精神科医生曾鉴定过一些因素，通过它们能够预计使用某一药物治疗会产生好的还是坏的回应。积极因素有：障碍为突发性的或障碍时不时会发生变化。影响微小的因素有：年龄、性别和障碍的患病年限。导致预后不会太好的因素有：疾病的严重程度、较差的领悟力（坚信强迫行为是有用的，且几乎不去批判它们）、同时存在一种双相情感障碍共病症或是存在饮食行为障碍。

共病型强迫症的药物治疗（伴随有另一种病症）

如果你既患有强迫症又患有另一种精神障碍，则应当考虑到并治疗此种精神障碍。如果你患有双相情感障碍，则联合使用心境稳定剂是有必要的。这涉及锂（Teralithe）、丙戊酰胺（Dépamide）、双丙戊酸钠（Depakote德巴金片）、拉莫三嗪（Lamictal）、卡马西平（Tégrétol得理多）。有时，我们也会借助一些安定药，它们可以起到稳定情绪[1]的作用。

如果伴随有另一种精神疾病，有必要联合安定药[2]一起治疗。若是伴随有人格障碍，则应当同时进行针对人格障碍的认知疗法。同时考虑开一些处方药，以便减轻人格障碍的有害后果。在这类复杂的情况下，我只引用由专家开出的考究的处方。

谨记

不要使用无效剂量，且懂得在必要时增加剂量。

要有耐心（强迫症的治疗中，起效所需时间往往较长）。

只要强迫症没有被攻克，就需长时间地维持药物治疗。

如若病情复发，需找出预防复发的最小有效剂量（往往是很小的剂量）。

1 部分药物能达到稳定情绪的效果，其中最广为人知的是锂元素。

2 精神类药物（作用于大脑）在抽搐以及部分强迫症的治疗中，能够用于平息某些焦虑。也会针对精神病使用大剂量。

第十三章

抗强迫药物与认知行为疗法间的关系

Les relations entre médicaments antitioc et thérapie comportementale et cognitive

开给强迫症的药物治疗的益处或有效性有时是难以衡量的。菲利普的例子可以说明这一点。

从地狱到治愈

菲利普在一家设计院工作。在那儿，他充分发挥了他的完美主义、对于细节的考虑以及对于做好工作的忧虑。不幸的是，由于他的强迫症，他无法再工作了；疾病吞噬了他所有的时间，并染指他生活的方方面面。他不停地检查有所东西。在他还上班时，当办公室里有人要去洗手间，他会跟着他，在此人使用完后查看水龙头是否关紧，冲水拉杆是否恢复到了原位，灯是否关好了。

在他休病假期间，他不再面临这个问题。但却有很多别的强迫仪式侵袭了他。他不停地查看他的眼镜，寻找最微小的划痕。在丢弃一个烟盒、一个酸奶盒或其他东西前，他可以盯住他将要扔掉的东西看上两三分钟，以确认里面什么也没有了。他很用力且持续很长时间地拧开再拧紧矿泉水瓶盖，以确认它们“盖好了”。当他去上厕所时，需要使用数量惊人的卫生纸，擦拭到自己流血为止。

他惊慌地害怕着他的两边裤腿不一样长。他反反复复地量，还强迫他的妻子也去量，这引发了无休止的争吵。

他洗澡的时间也很长。他很害怕没有漂洗干净，还有香皂残留。于是他反反复复漂洗。他需要检查所有的东西：照明、电器、水龙头。

他从早到晚都备受强迫症侵扰。

他入院治疗了，住院期超过了两个月。出院时他仍需服用很大剂量的药物：百忧解60毫克，这在强迫症的治疗中无可指责；但还服用大剂量的安定药，Tranxène 50毫克；以及一些帮助睡眠的安眠药。

他出院时和入院时病得一样重。

在看不到好转的迹象，又看到精神科医生们还给她了一个无法医治的丈夫时，菲利普的妻子提出了离婚。

菲利普就是在那个时候来找我治疗的。他的精神状态并不好。我动员他进行认知行为治疗。他从未尝试过这样的治疗，并不知道它包括些什么内容。

他勇敢地并满怀决心地投入这一治疗当中。他成功地扔掉了一个里面还剩有香烟的烟盒。有一天他几乎因情绪激动而大哭起来，因为在打开了我诊所洗手间里洗手池上的水龙头之后，他必须要任凭其流淌着就离开。

慢慢地，他取得了进步。他甚至可以穿一条裤腿略微比另一条短一些的裤子了。进步是如此喜人，大约六个月的治疗后，菲利普重新开始了他的工作。再过了三个月，他又重新和他的妻子还有孩子一起生活了。多亏了缓慢的司法程序，离婚尚未宣判。而注意到丈夫实现了如此大的进步后，妻子停止了离婚程序。

在他的治疗过程中，我逐渐减小了药物治疗的用量。首先，我减掉了安定药，减少了他大剂量服用的Tranxène，保留了百忧解这一5-羟色胺再摄取抑制剂。

大约两年后，菲利普不再有强迫症了。我们决定停止他仍在服用的那几毫克的百忧解（我们已经在治疗过程中逐步下调了剂量）。

在完全停用百忧解前的半个月内，菲利普出现过两次侵入念头。在工作时，他想到他可能给一个他刚为圣诞节购买的新录像机通了电。回家时，他决定任凭它自主运行三天。另一个侵入念头涉及他的女儿奥雷莉。当她在便盆上解完手独自擦屁股时，他想要检查她是否擦干净了的欲望很强烈，但菲利普并没有去检查。

现在你知道，面对强迫症的指令，去做出相反的举动是应有的自我治疗的正确方式。菲利普理解并体验了这一点，没有违背这一规律。

不幸的是，在停用百忧解六至八周后，菲利普发现自己的侵入思维增多了。他急忙来找我咨询，尽管他并没有屈服于强迫行为，但他承认他难以坚持太久了。

在恢复低剂量的IRS用药之后，情况很快又回归到了正轨上。

菲利普接受完治疗几年后，病情出现复发的端倪。由于完成治疗后他已经不再检查任何东西了，有一天他忘了从互联网上注销，当时的后果是一笔巨额网费，他必须支付2000法郎，这对于他的预算来说是个大数目。

强迫症软件立刻被启动起来，菲利普反复检查他的网络。两个月后他来找我监测其药物治疗情况时，向我叙述了这件事。我提醒他那些事实："您记得吗？菲利普，当您第一次来找我看病时，您刚住完两个月的院，且没有疗效。您当时没有行事能力，无法工作，从早到晚都在进行强迫仪式。花了六个月来治疗之后您可以工作了，九个月后您可以再次跟您的妻女生活在一起了。而您本来可能会接受一个长期的、昂贵的，但是结果却不确定的治疗。菲利普，我希望您每年都失去这2000法郎，却永不再复发。"

菲利普不再检查他的网络了。

目前，为防止复发而使用的预防性小剂量药物帮助菲利普正常地生活，完全不受强迫症干扰了。奥雷莉现在已经通过了她的中学毕业会考……

如果我们的思路不够清晰，大概会想百忧解对菲利普并没起到任何作用，因为他住了两个多月的院，服用了三种药品，却为从中得到任何好处。确实，在菲利普身上，仅服用百忧解的作用=0，但百忧解+认知行为疗法的效果=治愈，而停用百忧解后=开始复发。

西多妮的情况也很有意思，体现出在强迫症的治疗中，认知行为疗法与药物治疗之间的协同作用。

战胜了的药物恐惧症

西多妮是一位30来岁的年轻女性，已婚，在行政部门任职。她所患有的强迫症为害怕被“肮脏”或“细菌”污染。她在地铁上从来不坐下，避免碰到扶杆或门把手。在把采购回来的物品放到柜子或冰箱里之前，她都要把它们清洁一遍。有一天，她的丈夫大胆地在没洗手的情况下把洗碗机里的餐具拿出来，夫妻间激烈的争吵因而产生。

西多妮来找我咨询，因为她的强迫症已经开始影响夫妻生活了。

我向她解释说在强迫症的治疗中，表现出无可争论的有效性的疗法，便是认知行为疗法配合5-羟色胺再摄取抑制剂类的药物。她告诉我她不想服药，因为原则上，她是比较反对吃药的。再者，她想要一个孩子，她认为吃药可能会对胎儿有害。尽管我对她解释说某些药品是不会影响到妊娠的，她仍旧坚持她的立场。

我们之间进行了“精神上的约定”。我们决定，倘若九个月后，她仍旧无法自由地触碰地铁扶杆、入座地铁里的座椅、仍旧需要把物品清洗一遍才能放入柜子，那么她就要接受药物治疗。

多亏了那起到达摩克利斯之剑作用的药物，她对于治疗非常积极。

尽管她付出了所有努力，我对此毫不怀疑，九个月之后，我们也看到了一些进步，但她的生活并未改变。她成功地同我协商并获得了额外三个月不使用药物的时间。不幸的是，三个月后，结果几乎没有变化。于是她只能接受并承认没有药物帮助她是做不到的。

当我们开始使用药物后，她终于能成功地完成作业，并消除了所有的强迫仪式，重新过上了正常的生活。

总结一下西多妮的例子：仅使用认知行为疗法＝无效果，随后，该疗法＋药物＝强迫症消失。

在此，我并不是想表达没有药物是无法治疗强迫症的：在某些情况下，这是可能的。我只是想要强调无论药物治疗是否结合了认知行为疗法，要判断其效用均是有难度的，就如同菲利普的例子。

无论如何，往往是正确的精神药物结合认知行为疗法，才改变了为数众多的病人的生活。

第十四章

通过相反习惯方法来治疗拔毛癖

Le traitement de la trichotillomanie par la technique d'inversion d'habitude

拔毛癖是一种拔除自己头发，有时是睫毛、眉毛、腿毛、阴毛的行为。尽管拔毛癖是另一种有别于强迫症的诊断实体，但据我所知，关于这一主题鲜有法语著作，所以在此我希望能够提供一些建议来战胜它。如果你患有拔毛癖，你可以通过由阿兹林发展起来的一种方法来控制该行为，这一方法叫作相反习惯（*habit reversal*），我们可以翻译为“相反习惯方法”。你需要分成几个步骤来行动。

第一步：进行拔毛自评

你应当针对自己的问题行为树立起一种意识，可相应制做一份自主记录表，格式如下：

情景 人物？地点？ 事件？	情感 我感受到什么	认识 我在想什么	拔毛时间	C/I （C=有意识； I=无意识）

在情景栏，描述问题行为发生时的情景。

在情感栏，记录下你当时的感受。

在认识栏，记录下你当时的想法。

随后记录下拔毛的时间。

最后你需要写下I表示无意识，C表示有意识。若当你意识到时，你的手已经触摸到了头发、睫毛、眉毛或体毛，则记录为I；当你“决定”要触摸时，则记录为C。

最后，每天，将拔下来的头发、睫毛、眉毛或体毛留存到一个信封里。

每一次出现拔毛情景时，你还应当描述当时你身体的姿势，尤其是手的姿势。必须要严密监控你的双手。你越是习惯让它们远离你的犯罪现场，你就会感觉越好。

第二步：展开一项不兼容活动

无论是针对有意识的还是无意识的拔毛行为，你都可以展开一项不兼容活动。例如当你感到需要拔毛时，将你的双手彼此紧握大约两分钟。两分钟后，如果你还感觉到需要拔毛，那么重新再做这个动作两分钟。这一练习是该方法的基本要素。

在无意识拔毛中，决不让自己双手闲着可构成一种预防措施。一位拔毛癖女患者进行了她的自主记录。记录表反映出在她身上只涉及“无意识拔毛”：当她意识到这一现象，她的手已经触摸到了她的头发，然后她就停不下来了。相反地，拔毛这个举动只在她正在打电话时出现。简单地要求她在打电话的同时，一定要在另一只手里拿着一件足够重和大的物品，便帮助解决了这一问题。

第三步：练习放松

此处同样涉及南森·阿兹林所描述的方法中的一个基本要素。当然，放松并不局限于拔毛癖这个特定范围。它在很多紧张情绪起到直接或间接作用的病理中均被提出，例如失眠、某些身心障碍[1]，且并不患有任何精神障碍的人群也可以进行放松练习。在拔毛癖当中，它将帮助病人缓解“需要拔除”这一强烈感受。

放松的方式有很多种。最著名、应用最广泛的是舒尔茨（Schultz）的自我暗示放松训练术，或雅各布森（Jacobson）的自我催眠和渐进性放松——第二种在英语国家中应用最为广泛，

1 关系到精神对身体的作用。

而第一种在法国更为普及。

无论是何种类型的放松，都需要将注意力集中到身体上，以求在放松这一层面获得更好的自我意识。除了很严重的病情外，自我意识都会渐渐获得，身体的感官会慢慢就位，以至人们可以在日常活动中充分感受到自己的身体。我们在走路时可以充分感受到自己的腿，在书写时可以感受到握着笔的手，等等。但是不同个人对于身体的意识可以相差很远。部分人对于身体的体验是很全局的，其他一些人则更为细化。对于我们中的每一位，这一身体意识都是要远低于其本来的样子。

例如，如果你开始从事一项稍微有点技术含量的运动：舞蹈、网球、高尔夫或其他，起初你会很不灵活，你做不到你的老师要求你做的动作。如果你僵硬又紧张，且非常用力地快速击球，那么初期阶段，你是无论如何不会在网球或高尔夫球上取得进步的。相反，你应该培养起新的感觉，去“感受”在你需要完成的技术性动作里，参与其中的你的身体和肌肉有何不同。我们惊讶地发现，某个先天身体条件要弱于对手的人，由于放松、灵活，他打网球或高尔夫球的挥棒动作会比其对手有效得多。这一对手无疑是十分强健的，但却“拘谨又僵硬”。

在放松训练中，通过培养更好的身体意识，我们可看到肌肉力量之间的“平衡”。并非为了训练自己更好地完成一个特定的技术性动作，而是为了朝着放松、平静这一方向，培养起针对整个身体的更好的意识。我们常常会问一位亲友：“你感觉如何？”如若我们从字面上去理解这一表达，“自我感觉好”就是对于自己的存在、对于自身有一种良好的意识，感觉好、平静、松弛、轻松。

这一平静的个人意识同样能使人在同他人的相处中自我感觉更好。

放松训练是阿兹林在相反习惯的训练方法中写到的“配套”治疗的组成部分。这一相反习惯方法的主要适应症有拔毛癖、抽搐、捻皮癖。当一位强迫症患者抵御住了进行强迫仪式的需求，我们发现这一需求以及与其关联的不适感都随着时间减弱了。不幸的是，“相反习惯”方法适用于的那些障碍，如拔毛癖，不通过放松训练，需要往往是不会减弱的。于是，学习放松构成了这一方法的基本要素。此外，针对这些适应症来练习放松的病人还能收获很多积极的“伴随效应”[1]，正如我们刚刚看到的那样，关乎身体健康、个人平衡、与他人关系、甚至体育运动中的表现。

总而言之，在阿兹林的方法中，展开一项不兼容的活动是消除“拔毛坏习惯”的基本内容，而学习放松则是更好地管理紧张情绪的必要方法，通常“对于拔毛的需求”都由紧张情绪引发。

在此，我向你推荐一定数量的练习。这些练习你可以独

1　除了原本预期的疗效之外，在治疗之后观察到的效果。

自完成，且我希望它们可以帮助你达到很好的放松状态。如果这还不够，最好能跟一位治疗师一起进行练习，或跟随某个训练项目，例如由多米尼克·塞尔旺医生（Dominique Servant）开发出来的优秀的放松项目。多米尼克·塞尔旺医生是里尔医科教学及医疗中心的从业人员，该项目的名称为“Symbiofil”。

在进行你的放松练习前，你需要先找到一个安静的，且你能够独处的地方。

呼吸练习

你将学会感受你的呼吸，尤其学会缓慢地、平静地呼吸。不要改变你呼吸的幅度或节奏，即“深呼吸”。

当恐慌袭来时，我们常常观察到深且急促的呼吸。曾有实验表明，若让志愿被观察对象持续深且急促的呼吸（过度换气[1]）5～6分钟，他们中的大部分人都会恐慌发作。在患有焦虑型障碍的病人中，就更加不应该发生这一现象。学会培养并保持平静、缓和的呼吸就显得尤为重要。

想象一下你的肺位于一个圆锥形的瓶子内，瓶子两侧的内壁由一些横向的栏杆组成，即肋骨。这些肋骨通过肋间肌[2]相

---

1 比起正常呼吸更深、更急。

2 连接相邻的两根肋骨的肌肉，在肺泡换气过程中扮演次要角色。它们在因用力或因病情而提高呼吸频率时发挥作用。

互连接。底部（瓶子的底座）由穹形肌肉组成，即横膈膜[1]，它将含有心脏和肺的胸廓同腹部器官分隔开来。

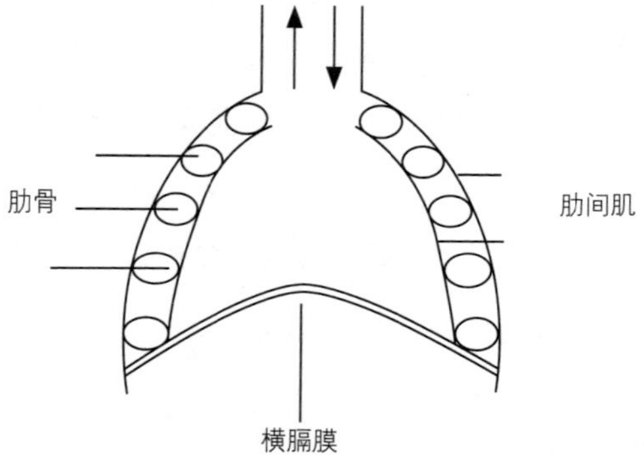

每一次吸气，瓶子两侧的内壁都会张开，横膈膜收缩并下降。瓶子的体积变大，空气进入到肺里。

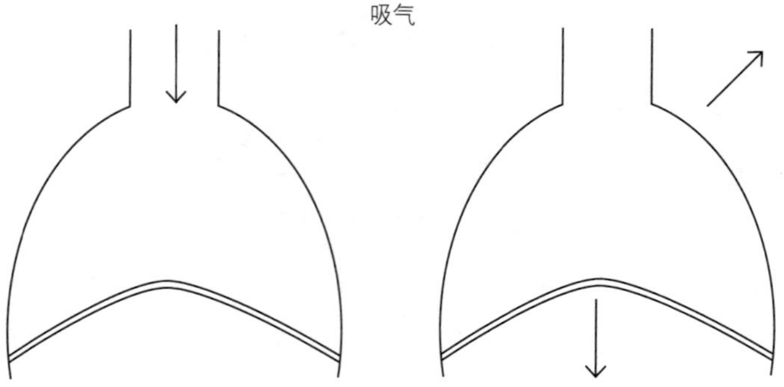

1 分隔腹腔和胸腔的肌肉，是呼吸肌肉。当它收缩时，胸腔气压下降，空气进入到肺里（吸气）。当它舒张时，便会产生被动呼气。

每次呼气，相反地，瓶子的体积缩小。横膈膜放松，空气被排出。

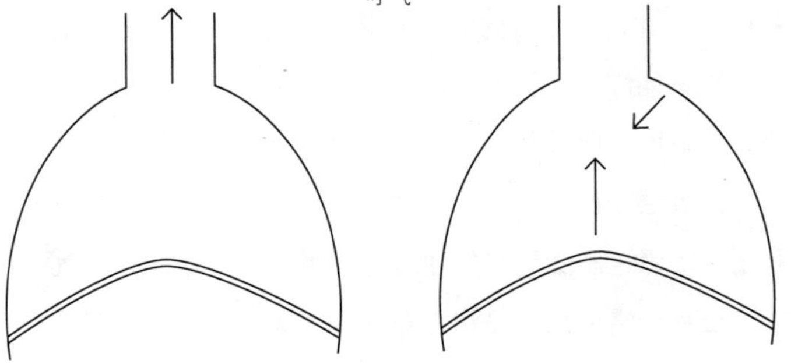

第一个训练的目的在于意识到“胸式呼吸”[1]与“腹式呼吸”[2]之间的差异。后者是更有利的，也是我们将要培养的。

你需要要么平躺下来，要么舒服地坐在一个便于放松的单人沙发上。将一只手掌平放在胸腔底部，另一只放到你肚子最高处，胃的位置。

你的目标是让腹部的腹式呼吸，平和、安静。

你将通过肚子来呼吸，同时去感受每次呼吸时，气流进入到鼻腔，然后从鼻腔出来，并将注意力集中到你的两只手上。你呼吸的方式应使得你放在肚子上的那只手上下的幅度要远超

1 运用到肋间肌的主动呼吸。通常出现在放松的人身上，这是出于休息状态的呼吸方式。
2 正常、平缓、安静的呼吸，对此种呼吸方式的感知需要通过放松训练获得。

过放在胸腔处的那只手。胸壁的膨胀应该是横膈膜收缩和放松的结果，不可以反过来。

我建议你做的第二个训练，目的在于练习呼吸的节律。我们刚才看到，在恐慌发作时常见深且急促的呼吸，而这样的呼吸又能维持或引发恐慌。如同一个平静沉睡的人那样缓慢且平静的呼吸节律，应当作为你用以辨别的榜样。为了让你更接近这一榜样，并练习呼吸节律，你要总是训练自己用肚子来呼吸，感受到空气通过鼻腔吸入和呼出，在吸气完成后可进行非常简短的停顿，在呼气完成后更要进行略微长一点儿停顿。当然不需要夸张，不要做长时间的呼吸暂停。而应当伴随一种平静、安静且缓慢的呼吸节律，听任自己，松手，去意识到自己的呼吸而不是用一种主动的方式去控制它。即便起初，练习被视为一种积极的改变，训练自己去做与日常习惯不同的事。

主要现象 =
胸式呼吸
与紧张、焦虑相关联
是不良的呼吸方式

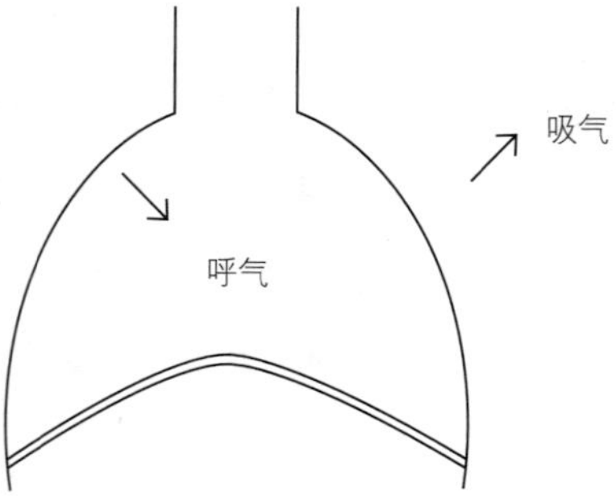

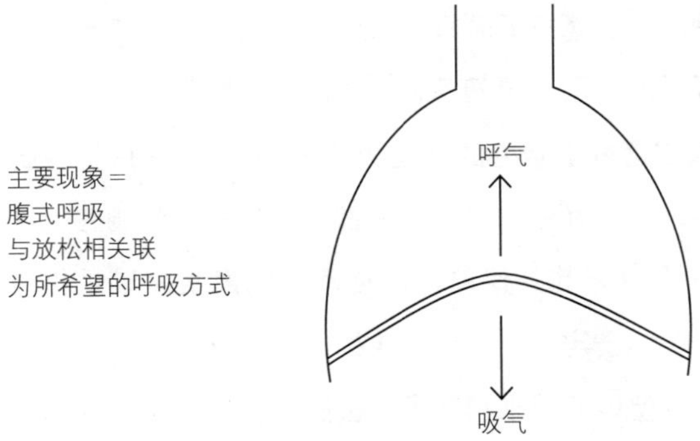

呼吸训练目标总结

- 采用腹式呼吸，不用胸式呼吸。
- 节律缓慢。
- 鼻腔内能感受到气流。

肌肉放松训练

你需要躺在一个安静的地方，注意不要被打扰。仰卧，头靠在一个枕头上，双臂伸直放在身体两侧，略微与身体分开，手心向下对着沙发，手背朝向天花板。下肢同样靠在沙发上，略微向外翻转，即脚趾轻微朝向两侧。闭上双眼，听任自己，“非常柔软”，同时进行几次我们刚刚学到的腹式呼吸。

几分钟之后，请通过折叠手腕来抬起你的右手，但不抬起前臂和大臂。就像这样保持右手折叠。闭上眼睛去关注由这个动作产生的感受。试着去感觉前臂上部分的肌肉紧绷感。那是一种较为轻微的感受，请勿与你在手腕处的强烈感受混淆起来，雅各布森称这种手腕处的感受为“用力感”。保持折叠腕部大约一分钟，去更好地感受前臂上部那种轻微的紧绷感。这一种感受与你在身体的其他部位感觉到的肌肉紧绷感是相同的。因而有必要学会辨别。在前几次训练中，以重复的方式去做这一动作，以便能够越来越清晰地去感觉将手掌向后翻起时产生在前臂的这种紧绷感。通过反复进行这一“获取意识”的练习，你将会越来越清楚地感受到自己在第一次时很难发觉的肌肉紧绷感。现在你可以让这只手凭借自己的重量自行落下了，即停止给前臂制造压力。这一松弛、这种由你自己通过将手向着前臂拉伸而制造的紧绷感的消失，是你对于肌肉放松的初体验。

我们可以得到如下简图：

通过这一顺序我们可以看出，放松感并非源于某一动作，而是源自于一个动作的停止。

做＝动作＝收缩　◇ 紧绷感。

停止做＝停止动作 ◇ 放松感。

当你任自己的手平平落回沙发上时，这个动作不该是其他肌肉收缩的结果，这一点很重要。这个过程中不应该用力，它应当因为自身重量而落下，你不应该再做出任何动作。

在练习过程中，也不要做往复运动。抬起右手，关注由

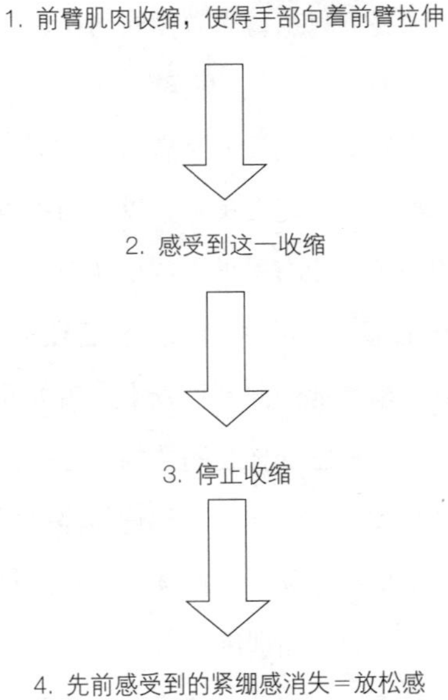

此产生的紧绷感约一分钟，随后任其落下。去感觉紧绷感的停止，即放松状态约三分钟。再做几次这一动作。随后换左手进行相同动作。结束该场训练时，要以保持前臂放松为目标。你应当能够发现前臂上部可能产生的紧绷感。如果有这样的紧绷感产生，由于是你制造的，你应当让其不再产生。你应当负责避免所有的紧绷感。

完成前面这些练习之后，在接下来的这场训练中，你将要弯曲手腕而不是拉伸，像这样去感觉前臂上部内侧接近手肘的地方的紧绷感。随后停止这一弯曲动作，去感受这一紧张感逐渐消失。随后，换另一只前臂来做相同动作。

在接下来的这场训练中，你将获取关于肱二头肌和肱肌的紧绷感意识。它们是负责前臂向上臂弯曲的肌肉群。为此，在不移动右肘的情况下，抬起右前臂，以便与沙发平面之间形成一个三四十度的夹角，让右手处于放松状态。学会去感受在你的右上臂前部和上部产生的紧绷感。然后在一两分钟后停止。右前臂及右手应当笨重地落回到沙发上，就如同它们被绷带吊着般没有活动能力。去感受你在刚才的几分钟内制造的紧绷感的消失，随后再开始这一动作。当你重新停止肌肉收缩时，请将注意力长时间地集中在你上臂前部外侧的放松感上。然后用你的左上臂进行同样的感知训练。

在下一场训练中，你将要去感受肱三头肌的收缩，这一肌肉用于支撑前臂向上臂拉伸。

在开始这场放松训练前，你可以做以下练习：站在一面墙旁边，将你的前臂紧贴墙面，用力伸开上臂，就像没有墙一样。当然，墙面会阻挡前臂伸展，仅让上臂伸开，你会在上臂外侧感受到紧绷感。请去感受这一紧绷感。停止所有肌肉收缩，并去感觉这一紧绷感逐渐消失，被一种放松感所替代。现在像往常一样平躺下来。慢慢地将手掌和前臂压到沙发面上，就如同要让它们进入到沙发里面。这样做，你会再次在自己的上臂前部外侧制造紧绷感，就如同你在墙壁练习中感受到的那样。按照对待其他肌肉群那样去做：意识到紧绷感，停止肌肉收缩，感受到肌肉放松。每一只上臂重复该动作三次。

在接下来的这场训练中，请你躺在沙发上，慢慢闭上双眼。进行我们在上文中读到过的呼吸练习。然后将你的注意力集中到自己的前臂和上臂，注意避免任何紧绷感的出现。若有紧绷感出现，请专注于让这种紧绷感消失（记得是你自己制造了此感受）。尽管雅各布森反对这一练习，但你仍可以借助另一种放松方法，该方法由舒尔茨的自我暗示放松训练术衍生而来，使用精神上的自我言语。你可以在不发音的情况下（发音会引起发音肌肉群紧绷），在脑海里“拖音”，对自己很缓慢地说：“我的……胳膊……很……重……”“我很平静……完全地平静。”

在接下来的这场训练中，一如往常地平躺下来并慢慢闭上双眼，随后去感觉你在前臂和上臂处已经熟悉的放松感。保持你的上臂平放在沙发上，不要以任何姿势移动它。现在慢慢收缩上臂和前臂的肌肉，以获得一种僵硬感。你要在一分钟的时间内不断寻找越来越僵硬的感觉。当达到僵硬感的最大值时，慢慢停止肌肉收缩。当你认为完全停止了收缩时，请仍旧继续放松，因为往往还会存在余留的紧绷感有待完全消除。最后通过呼吸练习、前臂和上臂放松练习以及自我言语练习来结束这一训练。

后续的放松训练项目包括下肢放松。接下来的训练将一场场展开，以便去感受和放松不同的肌肉群：

第一步，收起脚踝，让脚后跟远离头部，而脚趾靠近头部，不可让下肢离开沙发表面，请去感觉膝盖下方小腿前部的紧绷感。

第二步，将小腿抬起，离开沙发表面，去感受大腿前侧的紧绷感：此时是股四头肌在发挥作用，以保持小腿处于这一姿势。

现在你已完成了上述所有练习，你可以进行一两场不增加新练习的训练。请你平躺，慢慢闭上双眼，将你的注意力集中到呼吸、前臂、上臂、小腿、大腿上。每当你制造出紧绷感，你要立刻让其停止。你也可以使用如下精神上的自我言语（无须发出音来）：

- “我的双手……很……沉”；
- “我的前臂……很……沉”；
- “我的上臂，肩膀和手肘之间的部分很沉”；
- “我的双脚……很……沉”；
- “我的小腿……很……沉”；
- “我的大腿……很……沉”；
- “我的……整个……身体……都很沉”；
- “我很平静……完全平静”。

从今以后，在几场放松训练之间，你可以在几分钟内放松你的上肢，任凭其非常柔软地随意摇晃，如同有绷带吊着一般懒散。每日放松50 ~ 100次，以便让你培养起一个新的放松习惯，当你拥有了高水平的放松能力时，这一习惯能够让你很快地放松全身。这一已成为条件反射的、很自动的放松将会扮演发令员的角色。如同所有的新习惯一样，为了养成它，得首先自主地想着它。为达到这一目的，你可以在你最经常活动的所有地方，如办公室或办公地点、车里、住所的多个位置，放置一个用纸揉成的球。每当你看到这一纸球，你就任凭你的上肢完全放松柔软……

现在请按照你已经十分熟悉的方式来继续放松训练：收缩一组肌肉群，去意识到由此产生的紧绷感，随后停止收缩，同时继续将你的注意力集中刚才产生紧绷感的区域。然后尽全力“停止收缩”。

•请关注你的骨盆：翘起你的骨盆，感受脊柱及两侧的紧绷感。

•请将你的注意力集中到腹部：收紧肚子，去感受由腹部传递出来的紧绷感。

•请为你的双肩进行以下练习：

▸ 第一个练习，将一边肩膀朝向同侧的耳朵抬高（右肩朝向右耳）；请去感受肩膀侧面的紧绷感以及脖颈后部较轻微的紧绷感；根据惯常模式停止肌肉收缩；对另一侧肩膀也做相同练习；

▸ 第二个练习，伸起双臂，指尖朝向天花板，仿佛要去触碰它一般；你会在胸腔前侧靠近上臂的地方感觉到紧绷；随后进行往常的放松动作；

▸ 第三个练习，将双肩往后，朝向脊柱靠拢，紧绷感会出现在肩胛骨处。

•请去感受你颈部的紧绷感：将头部向前、后、左、右分别倾斜，每一个动作都会对应到颈部特定部位的紧绷感，你需要去分辨紧绷的部位，随后一次次地让其停止。

•针对面部的眼球运动肌肉群和发音肌肉群：

1. 额头：挑眉蹙额，去分辨皮肤褶皱下的紧绷感，随后让你的额头慢慢变回完全平滑状态；

2. 眉毛：皱眉头却不蹙额头，随后慢慢放松；

3. 眼睑：用力闭上眼睑，去感受眼睑内的紧绷感，随后停止，让紧绷感消失；

4. 眼球运动肌肉群：保持眼睑闭合并放松，仿佛你要看一个位于右边的物体那样去转动眼球，去感受在眼球处产生的紧绷感；通过停止这朝向右边的“虚拟目光”来让紧绷感逐渐停止下来；然后分别向左、上、下三个方向进行同一练习；

5. 颌骨：如果你闭上嘴，通过咬紧牙齿来收缩颌骨的肌肉，你会在面部两侧直至下颌骨关节处感受到紧绷感；学会细致地去感受，随后逐步让这种感觉停止；

6. 面颊：保持上牙靠近下牙，尽力将它们最大限度地露出来，你会在面颊处感受到紧绷感；

7. 嘴唇：用双唇做出圆形，就好像要发O这个音，你会感觉到唇部的紧绷感；

8. 舌头：如果你将舌头在口腔内往后缩，那么在喉结以上的下巴处会产生紧绷感。

以上我描述的多种练习大部分均从雅各布森的方法中衍生出来，我希望你通过它们能达到满意的放松状态。如果你无法独自完成，请求助一位从事放松训练的治疗师。

第四步：实施用于强化新行为的策略

我们刚才看到，为了使你努力获得的好结果持续下去，放松训练有多么重要。实施一系列“积极强化措施”[1]及防范不良习惯复发的激励要素也同样重要。构建起行为主义的条件反射和去条件化理论认为，强化是一种短暂的结果，它能增加行为复发的可能性（当某个行为产生了有利结果时，其再发生的可能性更大）。

例如，如果你的亲友在读这本书，他们可能会为你取得的进步而祝贺你，并对你行为的改变加以肯定，对你进行的中长期激励将会起到作用。在我的第一本关于强迫症的书《怪癖、恐惧与执念》中，我提到过一位拔毛癖女患者，她想养一只狗，于是决定如果一整年都没有拔一根头发的话就去买一只。强烈建议利用患者真正想要的礼物来建立起中长期激励体系。

---

1 源自条件反射学说的操作性条件反射术语，用于定义某个行为的短暂结果，该结果可使这个行为再次发生的概率得到后续提高。积极强化（正强化），即当在环境中加入某种刺激时，某行为的发生概率增加；消极强化（负强化），即反之，当环境中的刺激消失时，该行为的发生概率增加。

若是在孩子中间，这几乎是必要的。

当出现与拔毛癖相关的不适感时（行为、社交、情感、性爱等方面的），你也可以用一张小卡片将它们记录下来，同时记录下控制住拔毛的好处。当有必要时，将这张卡片随身携带并经常阅读，这样能够激发动力。

第五步：用以推广成果的精神训练

现在针对你在记录自己的问题时已十分清楚的发病情形，你已经成功地实践了“相反习惯”方法。不幸的是，还存在一些较为少见的情形，这些情形你尚未碰到过，但在你看来，它们所制造出的紧张情绪很可能会又一次启动不良程序，进而构成复发因素（例如分手、被辞退、亲人去世、受到侵犯……）。请试想这样的情形，去感受由此引发的不快情绪，并想象你正在使用相反习惯方法。你也可以跟随一位治疗师针对这些情形实施系统脱敏法（去除心理影响），从而如同对待特殊惧症（见第八章中的“特殊恐惧症”）那般治疗这些偶然事件。目的在于不让这些偶然事件引发情感上较大的慌乱，不至于再次诱发本已消除的拔除体毛行为。

第十五章

顽固型强迫症

Les tocs résistants

在极少数情况下，任何努力都无法让强迫症病人好转。所有的药物治疗均按足够剂量开了处方，且服用足够长的时间，并且是在同时使用高质量的认知行为疗法的前提下，却仍无效果。同时，也曾仔细探寻或许能够解释这一现象的其他伴随障碍，并治疗该障碍。联合用药（IRS+氯丙咪嗪、IRS+安定药、IRS+心境稳定剂）也并未带来好转。多种认知行为疗法，尤其是预设了惯例化回应的情境疗法也同样尝试无果。那么我们可以来谈一谈顽固型强迫症。

在部分更为少见的情况下，可以考虑让强迫症功能神经外科医学介入。由高等卫生机关（HAS）制定的部分标准可用于计划相关手术：

- 病人年纪在20 ~ 65岁之间（含）；
- 强迫症病情发展至少五年；

- 忍受重大的、沉重的痛苦，以及社会心理功能发生较大的恶化，并已经过临床评估和精神能力测定的评定；
- 已接受药物及认知行为疗法的常规性治疗至少五年；治疗并未带来显著改善或由于不良反应而被迫终止——按照耶鲁－布朗强迫症严重程度量表（Y-BOCS），好转程度低于25%的定义为治疗抵抗；
- 已对可能的共病症实施适宜的治疗；
- 若不进行手术，预后差；
- 需由病人明确同意接受手术；
- 需由主治精神医生定期跟踪。

外科所使用的技术为脑深部电刺激，该技术为在大脑的部分区域植入一些电极，并通过植入固定到病人体内锁骨下的电池给予电刺激。该系统的运行方式类似于起搏器。

该技术已经运用到帕金森、图雷特氏综合征的治疗中，最近几年开始用于强迫症的治疗。在大部分接受手术的病人中，尽管作用有限，但还是积极的。然而，病情仍然会因为某些社会活动而复发。在吕克 · 马莱教授看来，有大约60%的顽固型强迫症通过这一技术得到了改善。在这一症状的治疗中，未来一定还会取得更多新的进步。

第十六章

关于强迫症，你向自己提出的问题

Les questions que vous vous posez sur les tocs

关于强迫症的一般问题

我的儿子患有严重的强迫症。
我很自责。
他真的是因为我才生病的吗?

很长时间以来，治疗师们认为所有的精神类疾病均存在心理、关系、教育及无意识几方面的原因。很长时间以来，可怜的父母成了这些观念的替罪羊。这让他们自责，备受诋毁、受人指指点点。对于自己孩子身上发生的一切，他们总认为自己负有责任。法国强迫症病友协会（AFTOC）里一位迷人的女士就曾被多位治疗师指责为负有责任，直到她的女儿进入罗贝尔－德勃雷医院住院治疗，并被确诊为强迫症。于是女儿得到了正确的治疗并痊愈，而母亲也对于自己在这一疾病中的责任彻底消除了犯罪感。

我是否应该向我周围亲近的人谈论起我的强迫症?

针对绝大多数的情况，回答是否。当然，就如同面对所有的决定一样，总是有人赞成有人反对。只要是可能的时候，都最好隐藏你的障碍，因为如果你周围的亲人或同事并不知情，你就可能常常需要放弃某一强迫仪式，这样才无须向他们解释。置身于一个能够诱发渴望进行仪式的情境中，却不能去做时，是具有疗效的。有一位女病人和另外两位同事共用一间办公室，她们一起从公司餐厅回来，在很快地去过洗手间之后，她继续她的工作。她笨拙地让笔掉到了地上。由于她患有“肮脏”强迫症，要去捡起这支触碰到地面的笔是一种考验，然而，由于她的同事并不知道她患病了，她不得不把笔捡起来。因为她的同事不会理解她为何不能弯下腰去把笔捡回来。她也不能够如她希望中那样回到洗手间长时间洗手，也不能够在使用擦手布条时表现出一丝不安或古怪。于是，为了不被“揭穿”，她感到自己必须捡起那支她认为（这一想法当然是错的）恶心的笔，且不可以去洗手。这实际构成了预设惯例化回应的情境疗法。多亏了她的同事，她便这样治好了强迫症。这一由于害怕他人的议论而“被迫治疗”的例子大概能够解释，或者说至少是部分解释了流行病学中，关于强迫症的数据所显示的事实：无业和/或独居是加重强迫症的因素。有他人在场（尤其他们对强迫症并不知情时）往往会铸成一道防线，并扮演起治疗的角色。

我曾利用过这一有亲人（病人想要对其隐瞒病情的亲人）在场的治疗效果，来完善治疗取得的好结果。

不要离开我

阿诺的强迫症发展起来时，他正在修高等数学。他患有一种迷信强迫症，迫使他从早到晚反复地进行强迫仪式以免失去他的女朋友加利亚。如果他点燃一支烟时出现了“加利亚要离开我”的念头，就必须熄灭这支烟，然后在点燃另一支时想着一个好的念头。由于侵入的念头不断出现，阿诺的所有动作便不停地重复。他可以重复穿衣的动作15次，下车的动作20次，吃一顿饭的时间要比别人长一个小时，因为每当他把叉子或者杯子送到嘴边时，若他产生了一个坏念头，则必须停止然后重新开始。多亏了药物治疗以及预设了惯例化回应的情境疗法，阿诺取得的进步显著，且花了几个月的时间就几乎治愈了。对他的治疗方法在于，他做所有动作的同时对他不停重复：“加利亚会离开我。”并阻止他重做相关动作。加利亚是唯一一个在其面前时阿诺能够克制住不做强迫仪式的人。他很珍视她，不希望她把自己看作疯子。我坚持让他跟她一起度过夏天的两个月。他只能趁独自在厕所的时间，偷偷地进行一点儿强迫仪式，加利亚持续出现在他旁边，强化了治疗的好结果并最终治愈了阿诺。

在少数情况下，病人必须承认自己患有强迫症。我记得有一位女病人，她的老师让她去相邻的房间里找资料，为此她得触碰到把手去打开门，由于她的强迫症，她无法这样做。她在不给出任何解释的情况下断然拒绝，也因此被拒绝上这门课。很明显，在这样的情况下，去找老师说明自己拒绝的原因将会更有利，而不会耽误掉一个学年。

有一位强迫症患者，每次她去往某处，回程时她必须要走跟来时一模一样的道路。前不久，与同事及上级领导间的冲突引发了一段较长的焦虑抑郁期，加重了她的强迫症。她是一个成人教育机构的职员，她之前干起活来非常慢，且上班总是迟到。她本来负责在上课前将教室钥匙、投影仪和各类用品交给上课人员，也就意味着她需要非常守时。尽管她的领导已经多次提醒，因为她的强迫症，她仍旧迟到。这种行为被理解为故意显示她的不乐意。当这位病人把一封由我起草的，写给其主治医生的信给她的上司看过之后，她的迟到行为及工作中的缓慢才不再被视为一个充满敌意又倔强的人一贯的对立做派，而是被看作疾病的表现。于是公司对她重新做了安排，友好的关系亦重新建立起来了。

可见，尽管总体上最好尽量隐藏自己的强迫症，但是对这一问题的答案并不是唯一的。正如我们看到的那样，将其掩盖起来，往往可起到治疗作用。

你想要如何治疗一个病因不明的疾病?

如果你阅读了关于强迫症起源的那一章，你就会知道即使在绝大多数强迫症中存在基因因素这一点得到广泛认可，但它的起源仍旧神秘。在医学中，哪怕我们不知其成因，但很多的疾病仍可以得到治疗。再者，如果说我们知道香烟烟雾中焦油的高含量能够增大患支气管癌的风险，但我们也知道一个从不吸烟的人也可能患上这一癌症。尽管如此，知道长期吸烟更易诱发这样的癌症这一事实后，除了要求患者戒烟之外，不会对治疗产生任何影响。因为治疗取决于组织学[1]类型、细胞以及细胞病变，而非造成疾病的可能的原因。

同样地，一位多创伤病人[2]将由重症监护室医师以及外科医生根据观察到的损伤来治疗，而受伤的原因并无影响（无论其是从三楼摔落还是出了车祸）。

甲状腺机能不足，即甲状腺机能缺陷导致了甲状腺激素不足。无论何种原因引起了这一不足，治疗方法均为从外部长期

---

1 对生物组织的研究。对病人的组织取样进行组织学分析，能够确定观察到的异常类型并着手进行适宜的治疗。

2 具有多项外伤（创口、骨折、烧伤……），其中有至少一种伤害将生命机能置于危险境地（呼吸、血液循环、神经系统受损）。

地补充甲状腺激素。

在医学领域，这样的例子屡见不鲜。强迫症不过是它们中的一例。非常多的病人通过药物及一些治疗方法，病情好转或痊愈。治疗方法和药物的有效性是明白无疑的，然而强迫症那多重而复杂的病因仍旧十分神秘。

他不愿意接受治疗，他说自己没有生病。怎么办?

你注意到你最好的朋友之一、你的配偶或一位亲人虽然患有强迫症却拒绝接受治疗，或者甚至说自己没病。你感到很沮丧，并无所适从。不幸的是，在强迫症当中，我们是无法违背某人的意愿去对其进行治疗的。治疗需要病人积极的配合。你可以帮助他意识到自己的障碍，向他解释说这是一种疾病，像其他疾病一样需要治疗。鼓励他来阅读此书，或许他将会认出自己？有部分青少年，无论如何都无法接受自己患上某种疾病的事实，他们也不愿意听到别人谈论，这对他们而言是难以承受的。那么很不幸，适宜的治疗时机尚未到来。你对此无能为力，也无须自责。我见到过一些被父母强行带来的病人。我对他们说起强迫症。有的人“不知道为何自己会被带来”，有的人将他们那忧虑的父母观察到的障碍说得无足轻重。然而大部分人都是第一次接触到关于强迫症的科学信息。我向他们讲述我见到过的一些症状跟他们很近似的临床病例，我说那是我很熟悉的病人，其他人也有着跟他们相似的障碍。部分人最终同意接受治疗。有的人几年之后再回来找我，说道："我早应该听您的，我浪费掉了生命中的三年。"必须学会有耐性。强迫症有随着时间加重的倾向，这很遗憾，但你仍旧无能为力。请简单地给予陪伴和倾听。但请注意，有时，你想要带病人去治疗的合理渴望反而会起到促使其"对抗"的反效果。不要强人所难。

我是强迫症患者。
如果我有一个孩子，他也会患上强迫症吗？

你的孩子比起一般人群，患强迫症的风险要略微高一些。在普通人群中，强迫症的发病率约为2%。若你患有强迫症，你的孩子患上的概率为10%，也就是说你的孩子不会患上强迫症的概率为90%。

关于抗强迫药物的一些问题

治疗强迫症时可以不服药吗？

部分强迫症可以不采用药物治疗，但通常是较轻的强迫症。治疗强迫症的精神病专家将会仔细地评估这种治疗方法的适应症。然而，在绝大多数情况下，正是药物治疗配合认知行为疗法才能够治疗强迫症。

抗强迫药物的药劲猛吗?

病人往往会将有效性和毒性混为一谈。的确，抗强迫药物，即5-羟色胺再摄取抑制剂通常都很有效，且有时会太有效。但就目前的认知来说，它们并不具有毒性。相反，强迫症是有毒的，对于学习活动、职业生涯、社交生活、家庭及夫妻生活都是有毒的。就像对待其他任何疾病一样，请信任给你开处方的医生，他能够判断药物治疗是否适用。也应由他来找出你的药物治疗可能存在的禁忌症，并判断给你开药的时机。请注意，HAS（高等卫生机关）提倡，在需要时，针对强迫症的治疗使用5-羟色胺再摄取抑制剂。

我将会需要终身服药吗?

在强迫症的治疗中，当有需要时，医生会为补充认知行为疗法而开出药物处方。当症状根除之后，就会在长达多个月的时间内谨慎地、非常缓慢地减低药量，随后可以尝试停止用药。若停止用药后出现复发，最好持续服用预防复发的药品。

如果我突然停止服药，会发生什么？

突然停止服药自然不是一件好事。突然中断摄入强迫症的治疗中最广泛使用的药物IRS，可能会在部分病人中导致恐慌发作，且通常会出现不适症状，其中最常见的是眩晕感。如果你想停止服药，请逐步减量，且要同给你开药的医生共同商量决定。即使他不赞同这一决定，他仍旧会尊重你。但如若你之前尝试停药后出现过多次复发，他或许会劝你不要停药。他也会告知你停止服药可能会让你产生抗药性，从而改变药品的有效性。

我的医生给我开了预防复发的药方，那是什么？

如果在停止药物治疗后，你的病情复发，你又前功尽弃了，得重新治疗强迫症。当你再一次治愈（无症状），你可以跟给你开处方的医生合作，再次非常缓慢地减轻药物治疗剂量。保留能够防止复发的小剂量药物才是明智之举。这小小的剂量往往足以防止你的强迫症再次复发，但若是为了战胜已经形成的强迫症，它是完全无效的。

关于面对强迫症患者时，最适宜的行为方式的一些疑问

我的儿子是强迫症患者。有时他的症状很严重，会祈求我做出一些强迫仪式。我应该怎么办？

如果你的儿子吸食海洛因成瘾，他祈求你或者威胁你以求得到海洛因，即使他非常难受，他的状态让你心碎，但满足他的要求绝不是解决办法。注射海洛因并不是治疗海洛因瘾的方法。我们都知道，在强迫症中，强迫仪式会加重病情，为了帮助某人治愈而参与到他的强迫仪式当中也必然不是正确的方法。然而，如果你已经“为了减轻其痛苦”而养成了进行某些强迫仪式的习惯，则不应该突然停止，而是需要在同治疗他的精神科医生达成治疗协议的前提下来行动。这一逐渐退出的行为将以同病人达成协议的形式来实现。

以下两种情形是有着天壤之别的：一位厌烦的丈夫在其妻子洗了四个小时的澡后，切断了水并把她当作疯子看待；一位女患者在接受治疗期间给她的丈夫写了如下一封信：“我的爱人，我与治疗师协商决定将我的洗澡时间限制在三个半小时。我将会使用一个带有铃声的定时器，一到三个半小时就会响起。一听到铃声，我就要努力立刻从浴室出来。如果我做不到，请你把我拖出浴室或者把水切断。谢谢你的帮助。”在后

一种情况下，女患者处在玩家的位置，是她自己让别人禁止她去赌场的。丈夫仅仅是去执行妻子的勇敢决定。在这场他意识得到难度的战役中，他可以帮助她、鼓励她。

我同一位强迫症患者生活在一起，生活如同炼狱一般。我能做点什么？

你的配偶是否承认自己生病了会让事情有显著的不同。有的人说自己只是有些小癖好，稍微有点过于古怪、略微有点过于井井有条，倾向于保持合理性，或许有的时候稍微夸张了一点。总而言之，他们极力弱化自己的障碍，不愿正视它们，且无论如何不承认自己“病了”，或者患上了某种“障碍”。对于他们，你需要夸大事实。此外，如果他们认识某位情况更糟的人——有些类似酗酒的人，总能列举出比他喝得更凶的他人的例子。在这样的情况下，你可以强调你配偶的病态行为给你的生活造成的影响，以及带来的折磨。你可以让他意识到，当他不享有换个方式来做的自由时，这便是病态的征兆。如若他接受，让他阅读这本书也会有所帮助。如果他因为太受煎熬而不愿意听到任何关于这一主题的言辞，你可以自己去寻求精神科医生或心理医生的精神支持，这会帮助你更好地面对这一局面。另一个有力的支持可在病友协会里寻得。尤其是法国的强迫症病友协会（AFTOC），它在每一个大区都会针对病人和他们的家庭组织讨论小组。

如果你的配偶承认自己生病了并接受了治疗，读过这本书，你现在也懂得了面对他时如何表现得最好。基本原则为：要积极正面，当病人成功地克制住自己不做强迫仪式时，要对其进行鼓励；当这个可怜的人做不到时，什么也别说，也不要生气。如若尽管有强迫症这一障碍，但你们之间的关系足够好，他或许会请求你做他的“治疗助手”（帮手），那么你应该帮助他去完成其与治疗师共同制定的作业。

一个患有强迫症的朋友请求我做他的“治疗助手”或者叫作帮手。我应该如何做才不会犯错?

当然，首先要很好地了解并理解强迫症。所以我只能鼓励你完整地阅读本书。治疗助手的角色是很微妙的，因为他需要集亲切与坚定于一体。亲切，因为要求病人完成的作业并不容易；坚定，因为病人面对困难时，打退堂鼓的倾向会很强烈。他会回避作业，或者让别人来使自己安心。我想在此提醒，这往往是一种强迫症行为。你的角色仅限于帮助病人完成其与治疗师在治疗过程中决定的，应当在你善意的监控下，在家或在外进行的作业。切忌多，亦切忌少。太操心于让你的朋友取得进步，你作为治疗助手的热情可能会促使你要求病人去做他暂时力所不能及的作业，那可能产生超越其适应能力的、令其难以承受的不适感。所以，不要采取主动、不要想给他惊喜而是严格地、坚定地、友善地、善于鼓励地去执行病人的治疗师给出的指令。这样去做，你就能做到最好。

如何能找到一位应用认知行为疗法的治疗师?

有两个认知行为派治疗师的协会：

- AFTCC，网址：www.aftcc.org，地址：27, rue de la Saida 75015 Paris，电话：01 45 88 35 28；
- AFFORTHECC，网址：www.afforthecc.org，地址：41, route de la Fruitière 74650 Chavanod。

有给强迫症病人的讨论小组或协会吗?

法国强迫症病友协会（AFTOC），网址：www.aftoc.org，电话：01 39 56 67 22。

第十七章

关于强迫症的几个奇异故事

Quelques histoires singulières de toc

在30年的强迫症治疗经验中，我有机会遇到过一些病人，他们的故事值得一讲。这些故事可能会与我最初的强迫症分类中的略有重复（见我的整个第一部分），但它们惊人的或难以分类的特点为它们保证了单独的篇幅。

我的表姐拉法艾尔

埃尔韦做原材料生意。他有一个表姐，名叫拉法艾尔。埃尔韦患有略微有些特别的“渴望知道”强迫症。他一做某件事或者看到某样东西，涉及他表姐拉法艾尔的侵入问题便会出现。他来到我的诊所，注意到我的眼睛是绿色的。于是问题出现在他脑中：拉法艾尔的眼睛是绿色的吗？他必须要回答这个问题：不，拉法艾尔的眼睛是蓝色的。很快出现后续问题：拉法艾尔会喜欢拉马涅尔医生诊所墙面的颜色吗？必须要给出一个答案：不，她更偏爱黄色。接着，她会喜欢拉马涅尔医生眼镜的形状吗？等等。这类情况会持续一整天。在此案例中，强迫行为在于要给所有这些在可怜的埃尔韦脑海中出现的无关紧要的问题提供答案。过去，他曾遇到过很多位精神科医生，很不幸，没有任何一位向他解释说，为所有这些问题寻求答案只会加重病情。针对他的强迫症，让我们来梳理一个清晰的概念：出现关于拉法艾尔的不自主的且令人不快的问题，它制造了不适感，并使得病人做出强迫行为（给这一问题寻求答案）。于是，治疗的目的在于，不再给这些强迫性问题寻求答案。我让他翻阅候诊室里的杂志，这些杂志会激发强迫性问题：拉法艾尔会喜欢这个手提包吗？拉法艾尔是搽这个颜色的口红吗？她会喜欢这艘船吗？但可怜的埃尔韦没有时间去为这些问题寻得答案，因为我强行“喂”给他一些感官刺激，它们会不停地激起新的强迫性问题。我们再用新的思维阻断方法来补充治疗（见第十一章“强迫症的认知行为疗法：正与误”），目的在于帮助他不再给侵入性问题提供答案。

即使强迫症没有完全消失，埃尔韦却发生了很大变化。

肛门里的一只手指

樊尚患有艾滋病强迫症。他惧怕注射器、避孕套等所有能够让人或近或远地联想到该疾病的东西。我最初遇见他时，他没有工作，尽管他曾经在一个国际组织中担任过要职。应该说他看上去很奇怪：他表现得像一头正在用后腿直立的熊，双手位于前方，满脸恐慌。出于某种冲动，他惊慌地害怕触碰到或在没有意识到的情况下触碰了男性或女性的性器官。他与一位迷人的女士同居。他们是在巴基斯坦相识的，她现在还在他先前任职的那个国际性机构工作。

他用强迫性问题来纠缠她：你确定我没有踩到避孕套吗？你确实看清楚了，我在咖啡馆的露天座台上没有触摸到一位先生的性器官吗？艾滋病强迫症与惧怕做或做了某件并不想做的事情的强迫症混合在一起。例如，在治疗初期，当我去候诊室叫他，他可能会问我："我没有把一只手指插进肛门里吧？"他显然不明白没有人会那样做，更不用说是在医生的候诊室里；人们是不会去做自己害怕做的事的，并且如果肛门里有一只手指，我们是能够意识到并且不会有所怀疑的。强迫症软件又一次清扫了所有的常识，使明显不可能的事情变得可能。有一天，在某次治疗后，樊尚回到诊所并强行推开了我的门，那个时候我正在治疗另一位病人，他徒劳地试图求得安心："我刚才摸了那个门铃，上面可能有一滴血，您确定我没有把我的手指插入肛门里吗？"当然，我不会给他答案，因为那构成了能够加重强迫症的强迫行为。他意识到明显不可能从我这里得到确认后，最终罢休并离开了。

很长一段时间内我都认为樊尚不会痊愈了，因为他十分回避，难以进行治疗所必需的练习。然后有一天，突然有了松动，他开始取得难以置信的进步。一段时间之后，他获得了一个要派驻国外好几年的任务，这件事在几个月前还是绝对无法想象的。后来帮到他的是，让他接受了这样一个事实：人只会在同血清呈阳性的伴侣发生过没有保护措施的性关系之后，或是使用了另一位患有艾滋病的吸毒分子的注射器进行静脉注射后，才会患上艾滋病。如今，樊尚情况良好，他一直在服用药物，他的生活已经发生了改变。

害怕成为神父及和外星人上床

部分病人只患有一种强迫症，但仅这一种强迫症就足以让其丧失生活能力。而有一些病人则患有“多种强迫”，例如维克托。在其强迫症生涯中，出现过多种强迫症。他喜欢摇滚乐：他“为了不要失去对于摇滚乐的热情”会做出迷信的强迫仪式。维克托患有的强迫症几乎都是迷信主题的。除了对摇滚乐失去热情的恐惧之外，他还惊慌地惧怕自己是同性恋、害怕自己变成神父或穆斯林。当他的“穆斯林”强迫症发作，如果他在进入一节地铁车厢时看到了一位戴着头巾的妇女，那么他必须返回到他上车时的那个站，重新选择一节车厢，且不能看到包着头巾的妇女。如果他不这样做，他感到自己会变成穆斯林。当维克托备受“害怕成为穆斯林”“害怕自己是同性恋”“害怕变成神父”这类强迫症折磨时，他并非患有伊斯兰恐惧症，也不是反同性恋者或反教权主义者。他只是简单地不想自己成为穆斯林、同性恋或神父。他进行非常多的强迫仪式以避免发生这些对于他来说可怕的灾难。

他同他的好几任女朋友之间都出现了问题。他发现其中的一位脊柱很奇怪。因为深受电视剧《*V*》的影响（一些外星蜥蜴伪装成人的模样），他便和她分手了，他有一种侵入念头，认为她是外星人。另外一位女朋友和他的恋爱关系也这样终结了，因为在他看来，她对于某些他认为毛骨悚然的东西表现出了奇怪的兴趣。他认为她被魔鬼附体了。在维克托的案例中，他并没有坚定不移的信念，也并非患有谵妄症。他有的，仅仅是恐慌的强迫性怀疑。

米歇尔K.：将儿子作为礼物送出

米歇尔K.有两个儿子。他的强迫症涉及其中一个，就是康坦。米歇尔K.曾跟一位叫作安托万·杜邦的人一起工作，他一点也不喜欢这位同事。有一天，一个强迫性侵入念头进入了他的思维："我把我的儿子康坦送给了安托万·杜邦。"这一强迫思维缠绕着米歇尔，他必须要每天在脑袋里对自己说上千次"这是我儿子"以"打消这个强迫思维"，当然，这肯定会加重强迫症。

预设了惯例化回应的情境治疗的应用方法为：编写一些短文，短文中提到康坦确实被作为礼物送给了这位安托万·杜邦先生。米歇尔要大声快速朗读这些文章。这样，他就无法进行精神强迫行为——在脑海中说"这是我儿子"了。以下是这些短文中的一例：

亲爱的安托万·杜邦：

我，米歇尔，对你有着发自灵魂深处的敬仰。正因为深知你身上无比卓越的品质，我将我的儿子康坦送给你。我不后悔。我知道，跟着你，他能够接受最好的教育。你将会把你的才华和学问都传授给他，我希望他能继承到一点你的大智慧，也希望康坦没有遗传到太多我的基因，且万一遗传到了，这不会影响他达到你那样的卓越水平。对于你将我的儿子从平庸中解救出来，让他能拥有另一种地位，进入到另一个我从未敢希冀于他的层次，我感激不尽。谢谢。非常感谢你为我的儿子，我送给你的康坦所做的一切。希望你知道，对于你接受了康坦这一礼物，我有多么骄傲和感激。你现在是他可以引以为傲的、真正的父亲了。从今以后，我会待在我从属的位置、从远处像一个观众那样，去欣赏你不吝赐予你的儿子康坦的优质教育与父爱。你占据着主导地位，由你来掌舵，我不过是一个低微的旁观者。安托万，再次感谢你为你的儿子康坦所做的一切。

怀着我所有的感激与钦佩，米歇尔

多亏了这一疗法配合上药物治疗，米歇尔现在已不再有强迫症了。

在无意识的情况下遭到强奸

玛丽娜上学时成绩优异，现在在一家专门出版科学类书籍的出版社工作，在那里，她需要与人接触。她患有艾滋病强迫症。对于她来说，最重要的就是不要染上艾滋病病毒。你将会看到强迫症是如何让人失去判断能力的，但仅仅是针对与该障碍相关的主题。关于其他主题，玛丽娜的理性思考能力并未腐坏。

她看起来聪明、有教养，且能够细腻地就很多主题发表意见。每当他跟一名男性在办公室或其他地方独处之后，侵入念头会立刻出现："他难道没在我没有意识到的情况下强奸了我吗？"我们可以看到，对于染上艾滋病的恐惧竟让全无可能之事变成了可想象的甚至看似真实的。于是，我用幽默的方式跟她说："这对于强奸犯来说真是一种侮辱！人被强奸的时候，是意识得到的。您在意识不到的情况下跟您的丈夫发生过性行为吗？"实际上，玛丽娜知道这一切。但强迫性怀疑的力量是如此之大，渴望100%确定的意愿是如此强烈，以至于常识被强迫症驱散了。

所幸，玛丽娜对药物治疗的回应非常好，仅仅几场治疗就结束了她的强迫症。

坏13

贝尔纳生活在对数字13的恐惧里——不只是拒绝13个人坐在一张桌子上用餐这样小而常见的迷信。在他身上，对于13的强迫思维渗透到了整个生活中。每个月的13日，他闭门不出。由于他是代理人，这倒不易被人发觉。他找到一个停车位，如果从自动计时器里出来的票显示的是14点13分，他会立刻开车离开。印有数字13的钞票会被立刻撕掉，这让他承受着不小的患病成本。他是绝不会去乘坐巴黎地铁13号线的。

贝尔纳的个性热情、粗犷，像个巴黎街头的顽童。我们的治疗联盟很快就建立起来，贝尔纳勇敢地开始了与强迫症的斗争。很快，他就能够带着数字13在身上了，也能吃13颗糖了，后来他又能重新乘坐地铁13号线了，等等。最后他同意阅读一些可怕的文章，他所惧怕的灾难（事故、疾病、残疾、多种暴行……）与13恐怖地糅合在一起。贝尔纳现在不再有强迫症了。但我不知道他是否会接受同其他12位宾客一起进餐。有时候，他会在8月13日从他度假的地点给我寄来一张明信片，证明他重新找回了健康。

如果你爱我，说的时候要带有情感！

妮科尔是美容师。她和凯文共同生活。她对事缺乏主张，对自己没有自信。对于凯文是否爱她，她有着一种强迫性怀疑。凯文是爱妮科尔的，但是他实在无法忍受了。他的工作很辛苦，然而因为他的伴侣的那些强迫仪式，他整夜都无法睡觉。凯文每晚必须对她说："我爱你……吻你……晚安。"表达一定要完美。但是妮科尔总是会挑出毛病：语气不对，节奏感不对，听不出决心……我们可以想象这有多么恼人，让人难以忍受，且这足以毁掉一段美好的恋爱关系。

所幸的是，通过药物治疗配合行为疗法，这一情感的表达已经缩短到较为合理的时间范围内了。

完美到指尖

保罗-埃尔韦担任着一个领导职务。他已婚，有三个孩子。他的外表和行为中体现着刻板和严厉。例如，当他经济富足的时候，他也认为跟家人去餐馆吃饭是浪费钱的行为，他会为此自责，于是尽量避免。他的生活井井有条，但他并非患有秩序强迫症。他的外貌已不仅仅是讲究，而是无可指摘：完全平整的衬衣，没有任何一根头发高出来的发型等。在他眼里，完美的外表是绝对必要的。

他的强迫症正是涉及追求外表的完美。这让他浪费掉大量的时间。当我遇见他的时候，他平均每天花费五小时来触摸他的指甲。它们必须完美无瑕。锉刀和指甲刀成了他的劳动工具。指甲及周围皮肤上的任何瑕疵都必须清除。显然，就如同捻皮癖一样，结果是惨痛的。

在服用氟西汀，同时配合认真记录下每天花在这一日常“外科行为”上的时间，并被没收了“外科器械”（锉刀、指甲刀），外加实施多种认知行为策略后，渐渐地，保罗－埃尔韦成功地将其花在给指甲开展“拙劣手术”上的日平均时间缩减到了一小时。这一个小时他会用来打理他的指甲或牙齿。

在加大了抗强迫药物剂量之后，这一日常时间才得以缩减到了30分钟。随后出现了一个很长的停滞期，在这一时期，我们始终无法打破半小时这一瓶颈。

最后有两件事让这一时间缩短到了每天15分钟。保罗－埃尔韦示意我，当他每天侍弄指甲或牙齿的时间超过一刻钟时，或许应该对他加以惩罚。我问他非营利性组织或政党中，他不太喜欢哪一个。他选择了Act-up（巴黎艾滋病行动组织，旨在维护艾滋病患者的权益）。他签了四张支票给这一协会，数额较大，能够起到威慑作用。他决定：每半个月核算一次，若他所花费的平均时间未能低于每天15分钟，他就得寄出一张支票。仅仅四张支票中的两张被寄出了。对于保罗–埃尔韦，结果是糟糕却有疗效的：他成了Act-up的慈善会员，收到不计其数的特殊广告。另一个在这轮缩减时间的新斗争中起到作用的要素是：他注意到自己在做出强迫行为之前，往往会对指甲的状态进行观察。于是我们从上游着手，致力于让保罗–埃尔韦改掉观察自己双手的习惯。观察到一处真实的或想象出来的不完美，往往决定了患者做出强迫仪式。我们同时进行着预设了惯例化回应的情境治疗，旨在让其观察他“不完美”的指甲，却不能做出修复这些不完美的强迫性回应。

之前更好

米格尔是西班牙人。他曾经是整行铸排机排字工[1]，现在转做照相排字。他非常严格、刻板。他总是在同一时间、同一地点喝咖啡。他的生活循规蹈矩、安排精确。他是肯定不会喜欢意外事件的。他在自己的人际交往和仪容仪表方面也十分自制。他时常拽一拽自己的衣角或裤腿，以便让它们保持平整没有褶皱。他独自生活，但会定期去看望他的母亲，并尽心尽力地照顾她。他怀念传统印刷术那些美好的旧时光。他并不喜欢现在的工作。尽管米格尔强烈地反感变化，他还是跳槽了。

接下来那年，他更加不喜欢他的新工作。忘记了自己去年的不

1 使用整行铸排机的职业。这种铸排机是一种传统的印刷机器，能够一次将文章的整行文字快速并整齐地排列，然后铸成印刷块。

满，他开始颂扬他痛苦怀念着的上一个岗位。他决定再一次跳槽。再接下来的一年，米格尔崩溃了，他开始怀念他之前认为非常糟糕的上一份工作。这一剧情就这样发生了很多次。毫无疑问，米格尔的完美主义让他只看到当前工作的不完美，却立马遗忘了前一份工作中的不完美。这与“我是真的爱他吗？”强迫症近似（见第四章中的“我真的确定我爱她吗？”），只不过这里并不涉及一位伴侣，而是一份工作。

为我的男朋友保持贞洁

亚历山德拉生活在害怕被别人触碰或亲吻的恐惧中。她同样恐惧自己曾经被人触碰或拥抱过。如果有人拥抱了她或者触碰过她，她便感觉自己被玷污了，对男友不贞。她体验到一些侵入的强迫性身体感受。有时，她感觉到有人碰了她的屁股：她回过头去，却没发现任何的不寻常。但再走了50米，这种感觉又来了，她无法控制自己频频回过头去查看。有时，她的双唇上会感觉到“好像有人刚刚吻了她”。她不停地查看，便导致产生了更多的侵入感受。亚历山德拉持续不断地处于自我防卫中。

当我到候诊室里叫她时，她表现得超级警惕、全神贯注，跟我保持合理的距离，窥伺着任何一点可疑的感觉。尽管她为了“保持纯洁”已采取了所有的预防措施，但当她得与她的男朋友马克－安托万见面时，她仍必须要沐浴净身才能十分有把握。由于怀疑自己没有充分洗干净，她的沐浴耗时极长。尽管她用一种强迫的方式把门锁上，把自己紧闭在浴室里，再放一把椅子堵在已经仔细锁好的浴室入口，她仍会有一种可怕的感觉：有人会在她洗澡的时候来摸她。清洁工莱昂纳多没有进来过吗？没有触摸她的性器官吗？她的母亲没有进入浴室，用手抚摸她吗？亚历山德拉无法确定。疑虑挥之不去，她又重新去洗澡。随后又有新的疑虑出现。她便一洗再洗。她一定要为了马克－安托万保持洁净之身。

通过药物治疗配合认知行为疗法，亚历山德拉已经好转很多，但仍未完全摆脱强迫症。

结 论

我希望本书能帮助你准确地判定你的某位亲友是否患上了强迫症。如果是你自己患上了这一疾病，但愿本书回答了你所有的疑问，打消了你是否要接受治疗的迟疑，并能够成为你与强迫症战斗过程中的有力支持。这一疾病能够侵入你的生活，使之无法正常运转。

这本关于强迫症的小百科全书自然不可能做到详尽，但我希望它能让更多人去认识相对我们在媒体上常常看到的症状（清洗、检查、囤积）而言，较为少见的强迫症。

在此，我对这30年来，我有机会遇到的所有病人表示感谢，从他们身上我学到了很多。多亏了他们，多亏了他们给予我的信任，多亏了同每一位病人组建的、旨在击败这一疾病的“治疗小组”，我才能够取得进步。我才得以越来越好地认识强迫症，并发展出一些新方法：例如在精神强迫症的治疗中，通过快速大声朗读能够引发精神强迫行为的文章来进行治疗的EPR疗法，又例如双重束缚疗法[1]。

同时，我还想感谢多年来定期为这一疾病制作节目的媒体。这一疾病并不罕见，因为它已波及将近2%的人口。所有能够让人知晓其存在、去了解能够彻底改变患者生活的有效疗法的途径，均是一种善举。

我们还需要打败无知。病人感到很孤独，认为自己疯了或者害怕别人把自己当成疯子。所幸的是，无知的情况正在减少；但不幸的是，剩下的那些无知仍然能影响到卫生从业人员。多年以前，我曾与一位社保中心的医疗顾问打过交道，他对强迫症一无所知。我的一位女病人受到召见去进行资格审查，这本是很正常的。她当时因为严重且顽固的强迫症而失去了生活能力。她的症状主要在于恐惧受到“肮脏”及灰尘的污染。过于繁忙的医生想要直奔主题，急于获得一份明确的精神

---

1 一种承诺形式，用于帮助患者完成抗强迫的治疗作业，通过使用其所惧怕的某一灾难来达到治疗目的。在双重束缚疗法中，无论患者做什么，都能做好：要么他如我们希望的那般，去完成他的作业，要么他不去做，以此来同强迫症认知图式“高估思维的重要性”斗争。这一命名影射了贝特森的经典双重束缚，即将病人限制到一个纠结且不可能的情形之中，最著名的案例是：“听从本能吧！”若我们决定要听从本能，那这就并非真正跟随本能；若真的出于本能，那就不是决定好的。另一个例子是公路指示牌上写着：“请无视这块牌子！”要么人们没有无视它，但却无视上面写了什么；要么人们无视它，在此种情况下亦不是真正的无视，因为遵守了上面所写的内容。这个例子再次证明，无论我们做什么，我们都做不好。

病诊断，于是要求她脱鞋站到秤上称量体重！这位可怜的病人是绝对无法脱鞋并赤脚站在这类被她形容为“所有人都穿着鞋踩过的肮脏的公共场所”的。于是她拒绝脱鞋。

“我让您脱鞋。”审查医生坚持道。同时发生了以下可笑的对话：“我了解抑郁症。”“但我不是抑郁症，我是强迫症。”由于她的不良情绪，女病人眼看着自己的障碍补助金被撤销了。

不久之后，我见到她时，她痛哭流涕，产生了自杀的念头，不得不面对进一步恶化了的强迫症。我只能加大了本就不小的药物剂量，并同时给这位审查医生写去一封“教育”信函，请他重新回顾自己上过的精神病学课程，并重新斟酌他的决定。我随信附上了一份很长的关于强迫症的英文书目。所幸，后来这位女病人又能够重新领到补助金了。收到我的信后，顾问医生向我保证说，他当时原想要给病人一个“强刺激”。可这一强刺激引发的失望原来可能是致命的。

所幸这一事件已是陈年旧事，越来越多的人现在已经知晓强迫症。我希望这本书能够在进一步改善这一认知上略尽绵薄之力。

致 谢

感谢伊夫·佩利西耶（Yves Pélicier）教授，感谢他给予我的信任和支持，允许我在他的部门里实践行为疗法。在那个时候，该疗法才刚被引入法国不久。伊夫·佩利西耶教授对所有可能帮助患者减轻痛苦的流派都持开放态度，他教会了我，只要能让患者享受到最良好的治疗效果，就应该与其他同行一起去实践成果丰硕的联合治疗，哪怕这些同行的研究方向有时甚至与我的是相反的。

感谢康坦·德布雷（Quentin Debray）教授，感谢这30多年以来，他始终给予我的信任和友谊。这些年来，我和他一起先后在内克尔医院和雷奈克医院共事。这于我，是一件乐事。

感谢贝尔纳·格朗热（Bernard Granger）教授，感谢他的友谊及支持。

感谢奥迪勒·雅各布（Odile Jacob）女士，让我有幸在其享有声望的出版社出版我的著作，为让更多人更好地认识强迫症贡献一分力量。

感谢玛丽－洛兰·科拉（Marie-Lorraine Colas），谢谢她的协作及富有见地的建议。

感谢在我写作过程中，给过我帮助和建议的所有人。

感谢娜塔莉·舍瓦利耶－拉马涅尔（Nathalie Chevallier-Lamagnère），谢谢她的支持以及她在放松领域和行为方法领域的学识带给我的帮助。

感谢我的家庭和我的孩子们。

感谢我遇见的所有强迫症患者，谢谢他们愿意和我合作，一起努力来战胜强迫症。他们让我不断提高了对该疾病的认识，丰富了我的实践经验。没有他们，这本书不会存在。